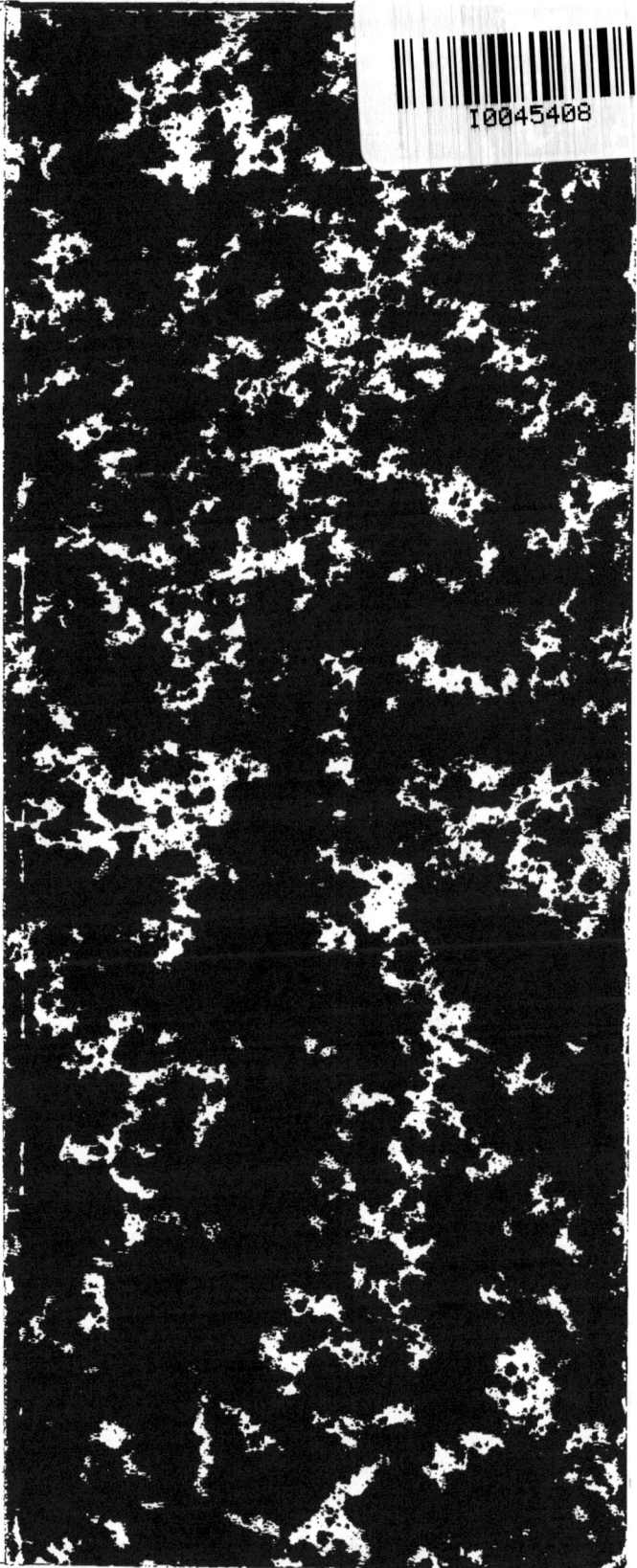

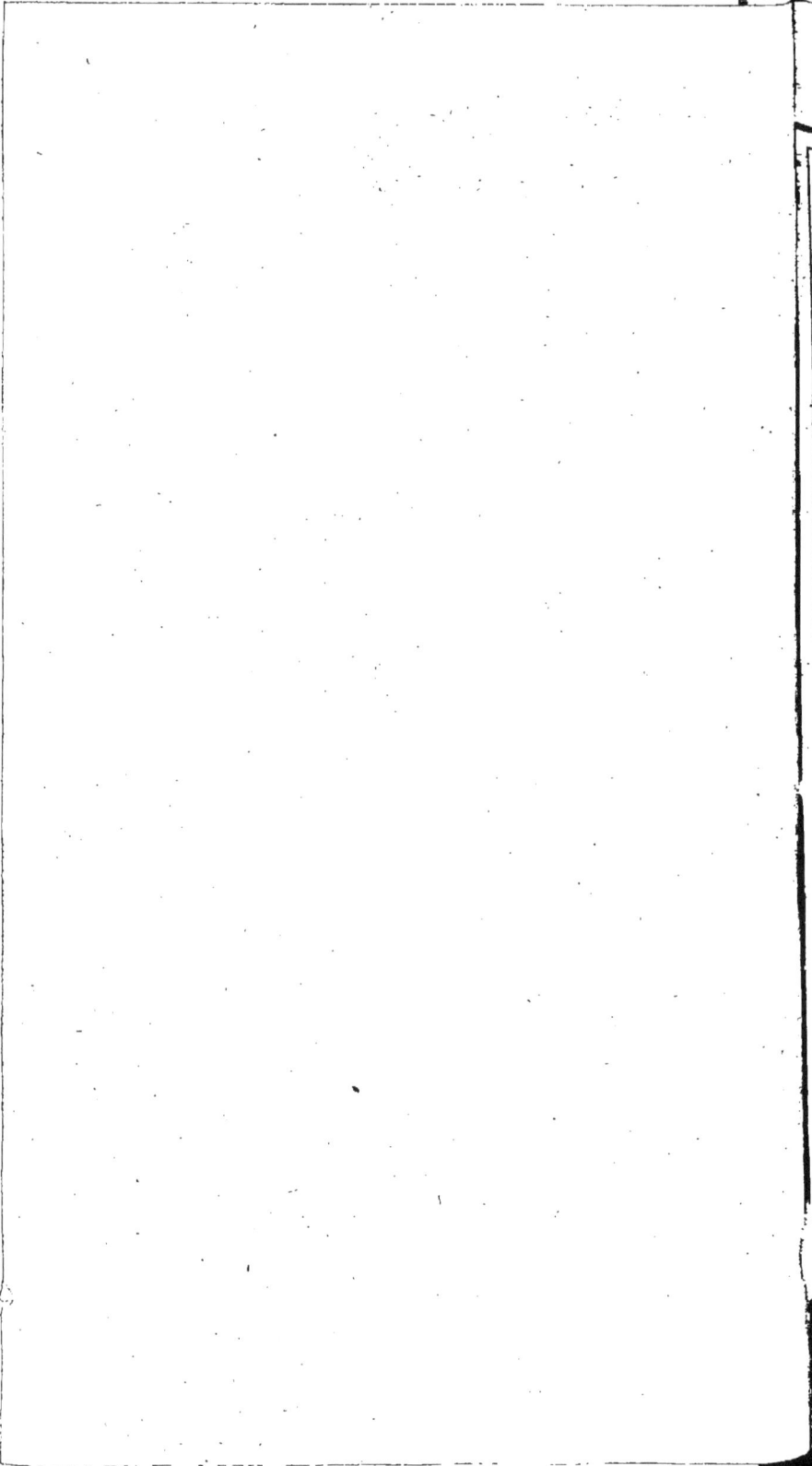

GUIDE PRATIQUE

POUR

L'ANALYSE

CHIMIQUE ET MICROSCOPIQUE

DE L'URINE

DES SÉDIMENTS ET DES CALCULS URINAIRES

PAR

Le Dr L. GAUTIER

AVEC 90 GRAVURES DANS LE TEXTE

PARIS

LIBRAIRIE F. SAVY

77, BOULEVARD SAINT-GERMAIN, 77

—

1887

NEUBAUER ET VOGEL

DE L'URINE

ET DES

SÉDIMENTS URINAIRES

PROPRIÉTÉS ET CARACTÈRES CHIMIQUES
ET MICROSCOPIQUES DES ÉLÉMENTS NORMAUX ET ANORMAUX DE L'URINE
ANALYSE QUALITATIVE ET QUANTITATIVE DE CETTE SÉCRÉTION
DESCRIPTION ET VALEUR SÉMÉIOLOGIQUE DE SES ALTÉRATIONS PATHOLOGIQUES, etc.

DEUXIÈME ÉDITION FRANÇAISE

TRADUITE ET ANNOTÉE

Par le Dr L. GAUTIER

AVEC 69 GRAVURES DANS LE TEXTE

ET 4 PLANCHES COLORIÉES

PRIX : 10 FRANCS

COULOMMIERS. — Typog. P. BRODARD et GALLOIS.

GUIDE PRATIQUE

POUR

L'ANALYSE

CHIMIQUE ET MICROSCOPIQUE

DE L'URINE

DES SÉDIMENTS ET DES CALCULS URINAIRES

PAR

Le Dr L. GAUTIER

AVEC 90 GRAVURES DANS LE TEXTE

PARIS

LIBRAIRIE F. SAVY

77, BOULEVARD SAINT-GERMAIN, 77

—

1887

n
n
a
e
c
t
q
d
ti
q
l
t
n
c

q
s
l

PRÉFACE

Ce livre est un simple *Guide pratique,* dans lequel nous n'avons admis que les indications strictement nécessaires sur les *propriétés générales* de l'urine, aussi bien à l'état normal qu'à l'état pathologique, et sur les *éléments normaux* et *pathologiques,* que ce liquide tient en dissolution ou qui peuvent s'y trouver à l'état insoluble (*sédiments*); de même, en ce qui concerne les méthodes de dosage, nous n'avons décrit que les plus exactes, et, pour quelques cas particuliers, nous avons même indiqué des procédés qui, bien que moins rigoureux, se distinguent par leur facilité et leur rapidité d'exécution, et permettent, par suite, de se rendre compte au lit du malade même des variations quantitatives journalières de certains éléments.

Les quatre premiers chapitres de notre *Guide pratique,* qui forment le livre presque tout entier, sont consacrés à l'exposé de ces différentes notions, et, dans le cinquième et dernier, nous décrivons quelques

méthodes à l'aide desquelles on peut retrouver dans
l'urine certaines substances toxiques ou médicamenteuses, qui, à la suite de leur administration, sont éliminées par ce liquide; mais nous ne nous étendons
que fort peu sur ce sujet, parce que les procédés sui-
vis pour la détermination de ces *éléments accidentels*
de l'urine sont les mêmes que ceux dont on se sert
pour les recherches toxicologiques.

Nous avons représenté par de nombreuses gravures
les formes microscopiques des principaux éléments
normaux et pathologiques de l'urine, ainsi que quelques-uns des appareils employés pour leur recherche
et leur dosage.

Nous espérons que ce volume sera favorablement
accueilli.

Dr L. GAUTIER.

Mai 1887.

TABLE DES MATIÈRES

CHAPITRE PREMIER

Propriétés générales de l'urine.

CHAPITRE II

Éléments normaux de l'urine.

I. ÉLÉMENTS ORGANIQUES.

CHAPITRE III

Éléments pathologiques de l'urine.

CHAPITRE IV

Sédiments et calculs urinaires.

CHAPITRE V

Éléments accidentels de l'urine.

· GUIDE PRATIQUE

POUR

L'ANALYSE
DE L'URINE

CHAPITRE PREMIER

PROPRIÉTÉS GÉNÉRALES DE L'URINE

TRANSPARENCE, ODEUR, COULEUR, FLUORESCENCE
SAVEUR, TOXICITÉ, ETC.

1. Transparence. — L'urine normale est ordinairement
claire et transparente au moment de son émission ; mais,
par le repos, il s'y forme peu à peu de légers flocons de
mucus, qui, suivant que l'urine est plus ou moins dense,
restent en suspension vers la partie inférieure du liquide
ou se déposent au fond du vase ; parfois même, la présence
de quelques flocons muqueux peut être constatée immédiatement après la miction. Ce mucus, qui, à l'état normal,
altère à peine la transparence de l'urine, à cause de sa
faible proportion, la trouble au contraire à un haut degré,
lorsque, comme cela a lieu dans certaines maladies des
organes urinaires, il est éliminé en grande quantité.
Quelquefois aussi, l'urine devient trouble peu de temps

après son émission, lorsque, étant exposée à une basse
température, des corps qui s'y trouvaient primitivement
en dissolution, mais plus solubles à chaud qu'à froid,
viennent à se précipiter. Enfin, la perte de la transparence
peut aussi être due à l'apparition au sein de l'urine de
corps peu solubles ou insolubles, résultant de modifica-
tions dans la constitution chimique de ce liquide ou ne
s'y trouvant jamais qu'à l'état pathologique. L'étude de
ces différents corps et des circonstances dans lesquelles
ils se présentent, sera faite ultérieurement avec tous les
détails nécessaires.

2. **Odeur**. — A l'état normal, l'urine fraîche a une odeur
particulière, aromatique, non désagréable. Lorsqu'elle a
subi la fermentation alcaline (voy. § 17), soit dans le vase
où elle est conservée, soit à l'intérieur de la vessie
(comme dans le catarrhe vésical), elle dégage une odeur
fortement ammoniacale (*odeur urineuse*) et quelquefois
aussi celle de l'hydrogène sulfuré (voy. § 167).

A la suite de l'ingestion de certaines substances, l'odeur
de l'urine est complètement modifiée : ainsi, lorsqu'on a
mangé des asperges, l'urine acquiert une odeur spéciale
très désagréable ; si l'on a pris de l'essence de térébenthine, elle a l'odeur de violette ; les principes odorants du
cubèbe, du copahu, du safran, etc., passent également
dans les urines.

3. **Couleur**. — La couleur de l'urine normale varie du
jaune pâle au jaune rougeâtre. L'urine du matin (*urina
sanguinis*) est plus colorée que celle émise pendant le jour
ou à la suite de l'ingestion d'une grande quantité de liquide (*urina potus*). Entre ces deux dernières se place, au
point de vue de la coloration, l'urine évacuée quelque
temps après le repas (*urina chyli*). L'urine de l'enfant
est en général plus pâle que celle de l'adulte, et dans

les premières heures de la vie elle est tout à fait incolore.

Dans les maladies fébriles aiguës, l'urine offre une coloration intense, variant du jaune foncé au rouge brun,
que l'on observe aussi dans certaines affections chroniques. Dans la polyurie, la chloroanémie, la convalescence
des maladies graves, dans quelques affections rénales,
les urines sont au contraire très pâles et souvent presque
décolorées dans les névroses (*urina spastica*), ainsi que
dans l'hémorrhagie cérébrale pendant les premiers jours
qui suivent l'attaque. L'urine prend une couleur toute
particulière dans les affections du foie et des voies biliaires; les pigments et les acides de la bile passent alors
dans ce liquide et lui communiquent une coloration
variant du jaune au vert jaune et au vert brunâtre
(*urine ictérique;* voy. § 144). Elle est colorée en rouge
plus ou moins intense par suite de son mélange avec du
sang (première période de la néphrite albumineuse, néphrite calculeuse, cancer de la vessie, etc. ; voy. §§ 198
et 199), ou avec de l'hémoglobine (hémoglobinurie ;
voy. § 128). Elle présente quelquefois une coloration
noire intense dans certains cas de cancer mélanique
(voy. § 166).

L'ingestion de certaines substances médicamenteuses
peut modifier la couleur de l'urine. Ainsi, la rhubarbe et
le séné colorent ce liquide en brunâtre et en rouge de sang
foncé, la santonine en jaune de safran ou en verdâtre. Les
colorations produites par les pigments du séné et de la
rhubarbe ressemblent beaucoup à celles occasionnées par
le sang et les matières colorantes de la bile, mais il est
facile d'établir la distinction. L'urine colorée par le séné
ou la rhubarbe devient plus limpide et jaune clair, au
contact d'un acide minéral, tandis que celle qui renferme

du sang ne s'éclaircit pas, mais devient plutôt plus foncée. En outre, l'urine contenant les pigments de la rhubarbe et du séné donne avec l'ammoniaque ou la potasse une couleur pourpre, que ne fournit jamais l'urine ictérique. La coloration jaunâtre ou verdâtre, due à la santonine, vire au rouge cerise ou au rouge pourpre en présence d'un alcali. (Coloration brun noir, due à l'acide phénique et à la pyrocatéchine, voy. §§ 60 et 62; urines bleues, voy. § 71.)

Pour obtenir des mesures relatives de la coloration des urines, on peut se servir de la méthode suivante, due à *Arm. Gautier* [1] :

On prend un tube T (fig. 1), fermé inférieurement par une glace peu épaisse *mn*, au-dessous de laquelle se trouve une feuille de papier à deux teintes, l'une *a*, légèrement verte, l'autre *b*, de couleur bleuâtre. En plaçant l'œil sur la verticale du tube T, on observe la différence des deux teintes. Mais si l'on verse de l'urine dans le tube, on finit par ne plus apercevoir cette différence. Si l'on marque alors 10 à la hauteur à laquelle l'urine de teinte normale, choisie comme type, doit arriver pour ne plus observer la différence des teintes *a* et *b*, et si l'on divise en dix parties égales la longueur du tube T, comprise entre ce point et la glace *mn*, enfin, si l'on prolonge la division au-dessus, on aura un colorimètre qui indiquera, par le rapport inverse des hauteurs, les degrés de coloration. Ainsi l'urine qui fait disparaître la différence de teinte pour la hauteur 6 sera dite avoir une coloration de $\frac{10}{6} = 1,66$; l'urine qui produit le même effet pour la hauteur 10 a pour coloration $\frac{10}{10} = 1,00$, c'est l'urine de coloration normale; pour la hauteur 25, la coloration sera $\frac{10}{25} = 0,4$; ou

[1] *Chimie appliquée à la physiologie*, etc., t. II, p. 69.

bien encore ces mesures indiquent que 6 parties, 10 parties ou 25 parties de chacune de ces urines ont le même
pouvoir colorant.

Cette méthode, quoique imparfaite, est encore préfé-

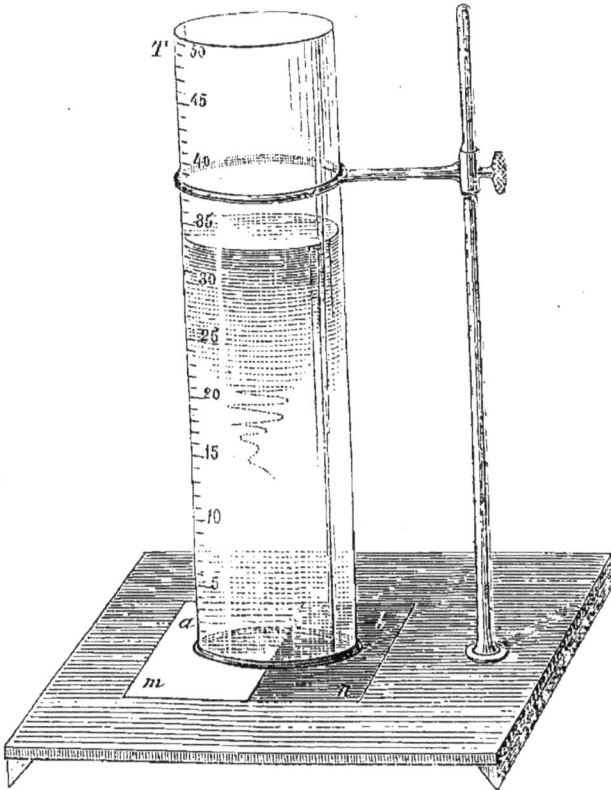

Fig. 1. — Colorimètre de l'urine.

rable aux déterminations approximatives, faites au juger
ou d'après des échelles de couleur.

4. **Fluorescence, action sur la lumière polarisée, saveur,
etc.** — L'urine normale est légèrement *fluorescente*; avec
l'urine jaune pâle, la fluorescence est bleuâtre, elle est
verte ou jaune avec l'urine rouge jaune; l'urine albumi-

neuse est plus fluorescente que l'urine normale, et l'urine devenue alcaline plus que l'urine non décomposée.

Toutes les urines normales dévient légèrement à gauche le plan de polarisation de la lumière (3 à 10 minutes, suivant *Haus*). Lorsque l'urine est albumineuse, la déviation a lieu également à gauche, mais avec une intensité plus grande; les urines sucrées dévient à droite, et proportionnellement à la quantité du sucre renfermé dans le liquide.

La *saveur* de l'urine normale est à la fois amère et salée; elle est plus ou moins sucrée dans la glycosurie; elle est fade dans le diabète polyurique et presque toutes les fois que l'urine est éliminée en grande quantité, comme dans certaines affections nerveuses.

Lorsqu'on agite l'urine, elle donne naissance à une écume, qui disparaît rapidement après le repos. Avec les urines albumineuses et sucrées, la mousse est très abondante et ne s'affaisse que lentement.

A l'état normal, la *température* de l'urine au moment de son émission est d'environ 37°; mais, dans certaines affections aiguës, comme la pneumonie, le rhumatisme, la scarlatine, etc., la température de l'urine s'élève tout naturellement avec celle du corps; dans le tétanos idiopathique, elle peut atteindre 44°, ou tomber, au contraire, à 26° dans la méningite tuberculeuse.

D'après les expériences de *Feltz* et *Ritter*, de *Bocci* et de *Bouchard* [1], l'urine normale est *toxique* : injectée à la dose de 90 à 100 gr. dans les veines d'un lapin de 2 kilogr., elle tue cet animal en abaissant considérablement sa température. La toxicité de l'urine varie en intensité et en qualité suivant des circonstances multiples : activité céré-

[1] *Leçons sur les auto-intoxications*, Paris, 1887.

brale, activité musculaire, sommeil, alimentation, etc. Les
urines pathologiques ne sont pas toujours plus toxiques
que les urines normales; elles peuvent l'être moins, elles
peuvent l'être différemment, en produisant d'autres symp-
tômes; dans les néphrites, elles ne sont même pas beaucoup plus toxiques que l'eau distillée (voy. § 114).

Volume.

5. **Volume à l'état normal**. — Le *volume* de l'urine, c'est-
à-dire la quantité émise en vingt-quatre heures, varie en
moyenne chez l'homme sain entre 1 400 et 1 500 centimètres cubes; chez la femme, ce volume est un peu
moindre, il oscille entre 1 100 et 1 200 c. c.

Si l'on compare la quantité moyenne de l'urine avec le
poids du corps, on trouve que pour 1 kilogr. il est éliminé en moyenne par heure 1 c. c. d'urine, de sorte
que 1 kilogr. d'une personne adulte excrète en moyenne
par heure 1 c. c. d'urine (*Vogel*).

Chez le vieillard, le volume de l'urine est un peu plus
petit (de 1/6 environ). La quantité émise par l'enfant à la
mamelle, comparée au poids du corps, est 3 à 4 fois plus
grande que chez l'adulte.

La quantité d'urine excrétée aux différents moments de
la journée présente des variations assez régulières. Ainsi,
c'est une ou deux heures après le repas principal qu'est
éliminé le volume maximum, tandis que le minimum est
évacué pendant la nuit et la quantité moyenne dans la
matinée.

L'ingestion de boissons abondantes, telles que l'eau
ordinaire, l'eau de Seltz, le vin, la bière, le café, etc.,
augmente considérablement la quantité de l'urine. Mais,
si une personne boit beaucoup et se livre en même temps
à un exercice violent, l'augmentation du volume de l'urine

est beaucoup moindre, parce qu'une grande partie du liquide ingéré est éliminée par la transpiration. Pendant l'hiver, alors que les exhalations pulmonaire et cutanée sont beaucoup moins abondantes qu'en été, il est excrété une plus grande quantité d'urine. Chez certaines personnes, une vive émotion amène quelquefois une abondante émission d'urine.

L'excrétion urinaire est au contraire amoindrie, lorsque la quantité des boissons ingérées est très faible, et d'une manière générale toutes les influences qui augmentent la quantité de l'eau séparée du corps par les voies autres que les reins diminuent la quantité de l'urine; c'est ainsi qu'agissent les sueurs abondantes, les selles aqueuses souvent répétées, les vomissements fréquents. Chez les femmes en couches, la quantité de l'urine diminue au moment où commence la sécrétion du lait.

6. Volume à l'état pathologique. — Dans les maladies, la quantité de l'urine excrétée s'éloigne très fréquemment de la normale. Les variations que l'on observe alors sont accidentelles et sous la dépendance d'influences diverses, ou bien, au contraire, elles sont constantes et se produisent toujours de la même manière dans les mêmes affections. Dans la période aiguë des maladies fébriles, telles que la pneumonie, la pleurésie, la fièvre typhoïde, le rhumatisme articulaire, etc., la quantité de l'urine est notablement amoindrie, puis elle augmente lorsque l'affection diminue d'intensité, redevient ensuite normale dans la convalescence et est même quelquefois plus grande. Dans l'anémie, à la suite de pertes de sang et surtout dans le choléra, la quantité de l'urine diminue; dans cette dernière affection, la diminution peut aller jusqu'à l'*anurie*, qui, dans les cas les plus graves, peut, suivant *Bartels*, durer pendant six jours et être ensuite suivie de polyurie.

L'urine diminue également dans l'hydropisie, la goutte, ainsi que dans la cirrhose atrophique du foie. Dans les différentes formes du diabète (diabètes glycosurique, azoturique, phosphatique et polyurique), la quantité d'urine émise est toujours considérablement augmentée.

Certains *médicaments* exercent sur l'excrétion urinaire une influence considérable ; c'est ainsi que les diurétiques, tels que l'alcool, l'éther nitreux alcoolisé, l'azotate et l'acétate de potassium, la digitale, la scille, la caféine, augmentent dans une forte proportion le volume de l'urine, tandis que d'autres substances produisent un effet tout opposé : les sels de fer (citrate de fer et de quinine, citrate de fer ammoniacal) et de cuivre, la cicutine diminuent l'excrétion urinaire, et les cantharides et l'arsenic la suppriment complètement.

7. Détermination du volume de l'urine. — Cette détermination, étant la base de toutes les autres déterminations quantitatives, doit toujours être effectuée avec le plus grand soin ; il est, en effet, in-

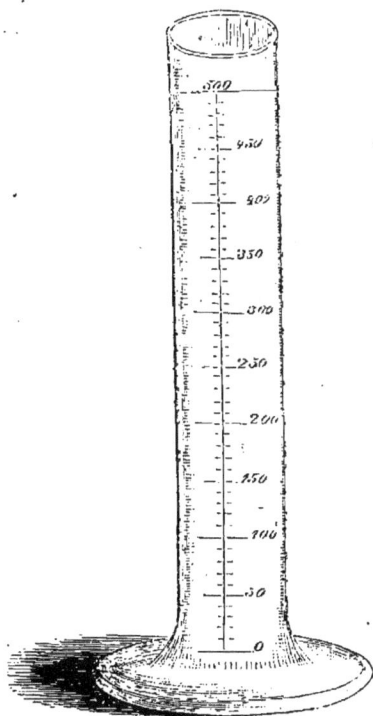

Fig. 2. — Éprouvette graduée.

dispensable de connaître exactement combien un malade élimine d'urine en vingt-quatre heures, si l'on veut savoir quelle est la quantité des principes solides (urée, acide urique, chlorure de sodium, etc.) qu'il excrète dans le même laps de temps. Pour déterminer le volume de l'urine,

1.

on se sert d'une éprouvette graduée, comme celle qui est représentée par la figure 2, mais d'une capacité de 2000 c. c. au moins. Ce vase peut être employé pour recueillir directement l'urine, et l'on a soin, après chaque émission, de le recouvrir avec une plaque de verre et de le tenir dans un endroit frais, afin qu'il n'y tombe aucun corps étranger et que le liquide ne puisse pas perdre d'eau par évaporation, ni se décomposer.

Densité et résidu solide.

8. **Densité.** — Les chiffres donnés par les différents auteurs pour la *densité moyenne* de l'urine normale de l'homme varient de 1,018 à 1,023 ; nous admettrons le chiffre rond 1,020 ; la densité moyenne de l'urine de la femme est un peu plus faible, elle peut être fixée à 1,016. La densité de l'urine varie aux différentes heures du jour et suivant la constitution de l'individu, la quantité et la nature des aliments et des boissons ingérés, l'activité musculaire, etc. Ainsi l'urine qui est émise immédiatement après l'ingestion de boissons abondantes offre une densité assez faible — de 1,002 à 1,010 — tandis que l'urine du matin et celle qui est expulsée quelque temps après les repas sont beaucoup plus denses — de 1,015 à 1,025 et au delà.

9. *Détermination de la densité.* — Dans la pratique, on détermine ordinairement la densité des urines à l'aide d'un aréomètre gradué spécialement pour cet usage et désigné sous le nom d'*uromètre* (fig. 3). Cet instrument doit être disposé de façon à permettre de déterminer exactement à un demi-degré près les densités comprises entre 1,000 (densité de l'eau) et au moins 1,040, densité qui est rarement dépassée. On peut, pour plus d'exactitude, distribuer les densités de 1,000 à 1,040 sur deux

aréomètres, l'un comprenant les degrés 1,000 à 1,020 et l'autre ceux de 1,020 à 1,040.

Pour faire une expérience, on remplit aux quatre cinquièmes une éprouvette à pied avec l'urine filtrée, on fait disparaître la mousse à l'aide d'une baguette de verre ou d'un morceau de papier buvard, puis on plonge doucement l'uromètre dans le liquide, où on le laisse flotter librement; lorsque l'instrument est devenu immobile, on place l'œil au niveau du bord inférieur du liquide et on lit la division de la tige qui lui correspond.

Les uromètres étant ordinairement gradués pour la température de 15°, il est indispensable, si l'on veut obtenir des résultats exacts, de porter à cette température l'urine examinée et de ne faire la lecture que lorsqu'un thermomètre, plongé dans l'urine en même temps que l'uromètre, ou celui que porte l'instrument, comme cela a lieu quelquefois (fig. 3), marque 15°. On peut aussi, au lieu de chauffer ou de refroidir l'urine pour l'amener à 15°, y plonger directement l'uromètre et observer, en même temps que le degré urométrique, la température que possède le liquide au moment de l'expérience; on corrige ensuite le degré lu sur l'uromètre à l'aide de la table suivante, donnée par *Bouchardat* :

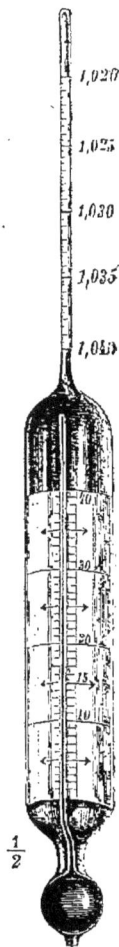

Fig. 3. — Uromètre.

TEMPÉRA- TURE	RETRANCHER DU DEGRÉ LU :		TEMPÉRA- TURE	AJOUTER AU DEGRÉ LU :	
	Urines non sucrées.	Urines sucrées.		Urines non sucrées.	Urines sucrées.
0	0.9	1,3	16	0,1	0,2
1	0,9	1,3	17	0.2	0,4
2	0.9	1.3	18	0.3	0.6
3	0,9	1,3	19	0,5	0.8
4	0,9	1,3	20	0,9	1,0
5	0,9	1,3	21	0.9	1,2
6	0,8	1,2	22	1,1	1,4
7	0,8	1,1	23	1,3	1,6
8	0,7	1,0	24	1,5	1,9
9	0,6	0,9	25	1,7	2,2
10	0,5	0,8	26	2,0	2,5
11	0,4	0,7	27	2,3	2,8
12	0.3	0,6	28	2,5	3,1
13	0,2	0,4	29	2,7	3,4
14	0,1	0,2	30	3,0	3,7
			31	3,3	4,0
			32	3,6	4,3
			33	3,9	4,7
			34	4,2	5.1
			35	4,0	5,5

10. — L'emploi de l'uromètre pour la détermination de la densité de l'urine ne donne que des résultats approximatifs, mais qui sont généralement suffisants pour la pratique. Lorsqu'on veut avoir des indications absolument exactes, il faut se servir du *flacon à densité* ou *picnomètre*. Le picnomètre (fig. 4) est un petit flacon en verre mince d'une capacité de 40 à 50 c. c. et muni d'un bouchon creux à l'émeri ; ce bouchon est terminé par un tube capillaire a, par lequel s'échappent les bulles d'air que peut entraîner le liquide lorsqu'on le verse dans le flacon. Pour faire une expérience, on pèse exactement avec son bouchon le picnomètre nettoyé et desséché avec soin ; on note son poids. On le remplit ensuite avec de l'eau distillée, on met le bouchon en place et lorsqu'on n'aperçoit plus aucune bulle d'air, on absorbe avec un papier buvard l'eau qui

adhère à l'extérieur du flacon, puis on détermine le poids
du vase ainsi rempli. Si du dernier poids trouvé on
retranche celui du flacon vide, on obtient le poids exact
du volume d'eau distillée que peut contenir le flacon. On
note une fois pour toutes le poids
de cette quantité d'eau, ainsi que la
température à laquelle il a été obtenu. Maintenant, pour trouver la
densité d'une urine, on lave à plusieurs reprises le flacon avec l'urine,
puis on le remplit avec celle-ci, en
prenant les mêmes précautions que
précédemment, et l'on pèse. Si du
poid brut ainsi trouvé on retranche
celui du flacon vide, on obtient le
poids de l'urine, qui correspond
exactement à celui du volume d'eau
distillée déterminé dans la première
expérience. A l'aide de ces données,
il est facile de calculer la densité
de l'urine : il suffit de diviser le

Fig. 4. — Pienomètre ou
flacon à densité.

poids trouvé en dernier lieu par le poids du volume correspondant d'eau distillée et l'on obtient pour quotient la
densité de l'urine soumise à l'essai.

11. Résidu solide. — Le poids des substances solides que
l'urine tient en dissolution ou le *résidu solide* de l'urine est,
en moyenne, de 47 gr. par litre chez l'homme en santé
et de 37 gr. chez la femme. Ce résidu se compose de
substances organiques et de *substances minérales;* les premières sont toujours, à l'état normal, en plus grande
quantité que les secondes (voy. § 19).

12. — Pour *déterminer le résidu solide* de l'urine, on mesure à l'aide d'une pipette 10 ou 15 c. c. d'urine, que l'on

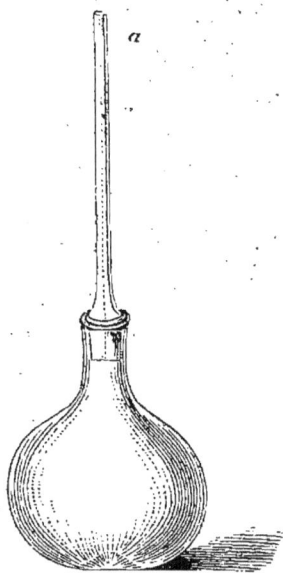

fait couler dans une petite capsule en verre, qui peut êt et
hermétiquement fermée à l'aide d'une plaque de verre d pr

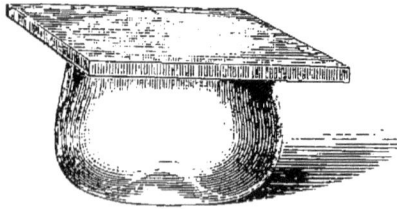

Fig. 5. — Capsule de verre.

poli (fig. 5) et dont qu
a déterminé exact ex
ment le poids av
cette dernière. (de
chauffe la capsule qu
bain-marie et, lor ni
qu'il ne reste pl ci
1,(

qu'un résidu très épais, on l'introduit dans une étuve à de
chauffée à 105° (fig. 6), où l'on achève la dessiccation. C so

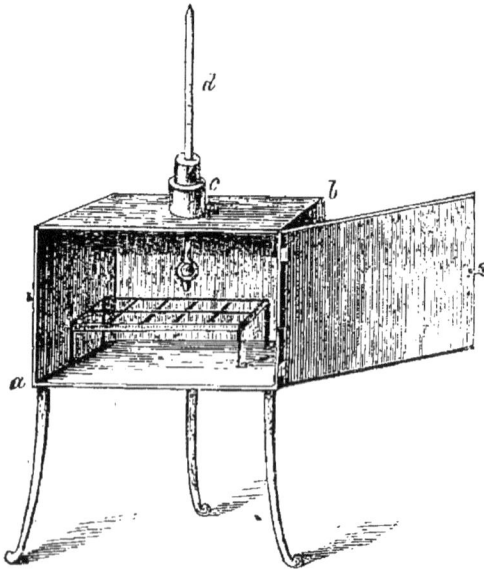

Fig. 6. — Étuve à air.

fait, on pose la plaq ma
de verre sur la ca uri
sule et on pèse cell
ci, après l'avoir lais de
refroidir sous u sut
cloche en présen le
d'acide sulfuriqu les
Du poids trouvé cas
retranche celui de et
capsule avec son co tin
vercle et l'on obtie ter
ainsi le poids du r pla
sidu sec de l'urine. cou
Ce procédé ne pe rec
jamais donner d per
résultats exact dés

parce que, pendant l'évaporation à 100° et la dessiccati on
à 105°, il se dégage toujours une certaine quantité d'a peu
moniaque, résultant de la décomposition de l'urée par vas
phosphate acide de sodium. Pour obvier à cet inconv dro
nient, on pèse entre deux verres de montre, dont le poi la
est connu, 1 ou 2 gr. d'urine, on enlève le verre supéri

et l'on place l'inférieur, contenant l'urine, dans le vide en présence d'acide sulfurique concentré. Au bout de vingt-quatre heures, une nouvelle pesée fait connaître le poids exact du résidu solide de l'urine.(*Magnier de la Source.*)

On a aussi parfois employé, pour déterminer la quantité des substances solides de l'urine, une méthode empirique qui consiste à multiplier par le coefficient 2,3 les deux derniers chiffres de la densité de l'urine prise avec trois décimales. D'après cela, une urine qui marque, par exemple, 1,024 à l'uromètre, renferme par litre 24 × 2,3 = 55,2 gr. de matières solides. Les résultats que l'on obtient ainsi sont assez exacts lorsqu'on a affaire à une urine normale, mais ils s'éloignent beaucoup de la vérité avec les urines pathologiques.

13. — Si l'on veut déterminer séparément la proportion des *substances minérales* et celle des *substances organiques* contenues dans le résidu de l'urine, il suffit de détruire les dernières par incinération. Dans ce cas, il faut se servir, pour l'évaporation et la dessiccation, d'un creuset en platine ou en porcelaine. Lorsqu'on a déterminé le poids du résidu solide, on place le creuset sur une lampe à double courant d'air (fig. 7), et après l'avoir recouvert, on chauffe en élevant peu à peu la température; lorsqu'il ne se dégage plus que très peu de vapeur, on découvre le creuset, on donne un peu plus de chaleur et on incline le

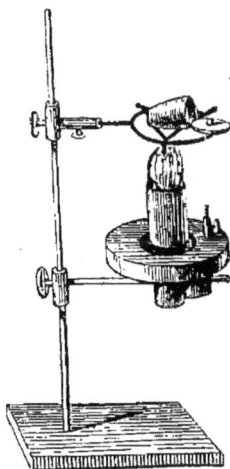

Fig. 7. — Lampe à double courant d'air pour l'incinération.

vase de façon que l'air y pénètre facilement. Afin de rendre plus facile la combustion du charbon, on ajoute vers la fin de l'opération une petite quantité d'azotate d'ammonium. On s'arrête dès que le résidu est blanc et on pèse creuset, préalablement refroidi sous une cloche en pʳé sence d'acide sulfurique. Le poids trouvé, après déducti de celui du creuset, représente le poids des matières m nérales, et, en retranchant ce dernier du poids du rési solide déterminé précédemment, on a la proportion d matières organiques.

14. Variations de la densité et du résidu solide dans ¹ maladies. — Dans la plupart des maladies aiguës ou chʳ niques, la densité et le poids des matières solides de l'urʲ éprouvent de grandes variations, qui ont souvent u grande importance diagnostique.

Dans toutes les affections aiguës, surtout dans la première période, l'urine éliminée est très concentrée, densité s'élève fréquemment à 1,035 ; cela provient d'ꞌ accroissement de l'excrétion de l'urée, des sulfates et d phosphates alcalins ; il en est de même pour les affectio chroniques, dans lesquelles la nutrition est troublé comme, par exemple, le diabète glycosurique. le diabè phosphatique, la goutte, l'oxalurie, etc. ; dans le diabè glycosurique, la densité peut s'élever jusqu'à 1,050.

On observe des urines très légères dans la maladie (Bright, où l'on voit la densité s'abaisser jusqu'à 1,0⁰ et 1,004 ; il en est de même dans la dégénérescence am¹ loïde des reins ; dans ces affections, l'excrétion de l'urꞌ par les reins est considérablement diminuée. Dans polyurie simple ou hydrurie, la densité de l'urine desceⁿ fréquemment au-dessous de 1,010 ; dans ce cas, le voluⁿ de l'urine est beaucoup augmenté, mais la quantité dᵉ substance solides éliminées en vingt-quatre heures res¹ généralement normale. Dans les affections nerveuses, pᵃ exemple à la suite des crises hystériques, l'urine excrété est beaucoup plus légère qu'à l'état normal.

Réaction.

15. Réaction de l'urine normale. — *L'urine normale* a toujours une réaction acide, elle rougit le papier de tournesol bleu. Cette réaction n'est due que très rarement à la présence d'un acide libre ; on doit plutôt l'attribuer à un sel acide, qui, dans la plupart des cas, est le phosphate acide de sodium ; mais elle peut aussi être occasionnée par des combinaisons acides des acides urique, hippurique, lactique, etc.

A l'état normal, le degré d'acidité n'est pas toujours le même. C'est l'urine de la nuit qui est la plus acide, celle émise après les repas l'est moins ; le régime lacté et l'usage de l'alcool augmentent l'acidité, tandis que le régime végétal et l'abstinence la diminuent.

Pour *essayer la réaction de l'urine*, il est convenable de se servir d'un papier de tournesol bleu, ayant une légère teinte de rouge. Pour préparer ce papier, qui est d'une sensibilité extrême, on abandonne à elle-même au contact de l'air de la teinture de tournesol, jusqu'à ce qu'elle soit devenue faiblement acide et légèrement rougeâtre. On imbibe alors avec cette teinture du papier à lettres ordinaire et on le fait sécher à l'ombre. Le papier ainsi coloré, prenant une coloration rouge plus intense en présence des acides et étant fortement coloré en bleu par les alcalis, peut servir aussi bien pour découvrir la réaction acide que la réaction alcaline.

16. Détermination du degré d'acidité. — Pour *déterminer le degré d'acidité*, on compare le pouvoir de saturation de l'urine avec celui d'un acide, comme par exemple l'acide oxalique ; dans ce but, on détermine à combien de ce dernier correspond l'acide non saturé contenu dans un

volume mesuré d'urine, en neutralisant celle-ci avec u¹
solution alcaline, dont chaque centimètre cube représent
une quantité déterminée d'acide oxalique.

On emploie comme liqueur alcaline une solution ¹
soude caustique étendue de façon que chaque centimèt¹
cube corresponde à 10 milligr. d'acide oxalique. Po¹
établir ce titre, on se sert d'une solution acide prépar²
en dissolvant 1 gr. d'acide oxalique pur, non efflcu¹
dans 100 c. c. d'eau distillée; on a alors une lique¹
contenant par centimètre cube 10 milligr. d'acide oxa¹
que, avec laquelle il est facile d'amener la solution alc²
line au titre voulu.

Maintenant, pour faire une expérience avec l'urine, ¹
mesure 100 c. c. de celle-ci, que l'on verse dans u¹
gobelet de verre, puis, à l'aide d'une burette, on fa¹
couler goutte à goutte la solution de soude. Apr²
l'addition de chaque demi-centimètre cube, on prélèv¹
avec une baguette de verre, une goutte du liquide, qu¹
l'on dépose sur un morceau de papier de tournesol bl²
sensible. Si l'endroit où la goutte est posée est enco¹
rouge au bout de quelques secondes, on continue l'add¹
tion de la solution de soude, jusqu'à ce que le papier ¹
se colore plus en rouge, mais soit légèrement bleu. ¹
note alors le nombre de centimètres cubes de soude qui
été nécessaire pour cela.

Il est maintenant facile de calculer à combien d'aci²
oxalique correspond l'acidité de 100 c. c. de l'urine em¹
ployée pour l'expérience, puisque l'on sait que 1 c. c. ¹
soude correspond à 10 milligr. d'acide oxalique. Si p²
exemple on a employé 12 c. c. de solution de soud²
l'acidité de l'urine pour 100 c. c. équivaut à $0,010 \times 1$
$= 0,120$ gr. d'acide oxalique.

17. Fermentation alcaline de l'urine. — Lorsqu'o¹

abandonne l'urine à elle-même au contact de l'air, sa réaction acide normale s'exagère tout d'abord, en même temps qu'on voit se former, sur le fond et les parois du vase qui la renferme, un dépôt d'urates amorphes et de cristaux d'acide urique (voy. § 38). Mais cette acidité disparaît bientôt, pour faire place à une réaction alcaline; l'urine, qui alors dégage une forte odeur ammoniacale, a subi une altération encore plus profonde dans sa constitution, elle est entrée en *fermentation alcaline* ou *ammoniacale*. Le dépôt qui s'était formé au début est remplacé par des cristaux de phosphate ammoniaco-magnésien et d'urate d'ammonium, mélangés de granulations de phosphate neutre de calcium. La fermentation alcaline de l'urine, qui, dans certains cas pathologiques, peut également se développer à l'intérieur de la vessie (voy. § 104), serait produite, suivant *Pasteur* et *van Tieghem*, par un végétal microscopique, le *Micrococcus ureæ*, torulacée, dont les germes, répandus partout dans l'atmosphère, trouvent dans l'urine un milieu propre à leur développement (voy. § 201). Sous l'influence de ce ferment, l'urée, l'élément le plus important de l'urine, se transforme en carbonate d'ammonium, et c'est l'apparition de ce nouveau corps qui donne lieu à la formation des combinaisons que nous venons de nommer. Indépendamment du *Micrococcus ureæ*, on trouve encore dans l'urine devenue alcaline une innombrable quantité d'autres microorganismes (bacilles, bactéries, etc.), qui probablement jouent aussi un rôle dans la fermentation ammoniacale; *Miquel* a, en effet, montré qu'une espèce de bacille (*Bacillus ureæ*) et une mucédinée de la famille des *Aspergillus* peuvent, comme le *Micrococcus*, déterminer la décomposition de l'urée.

On voit souvent apparaître à la surface de l'urine abandonnée au contact de l'air, surtout lorsqu'elle est concen-

trée, une mince pellicule irisée, formée d'un mélange
bactéries, de granulations diverses, de substances gras
et de cristaux de phosphate ammoniaco-magnésien. On
donné à cette pellicule le nom de *kyestéine*, et l'on croy
autrefois qu'elle se formait exclusivement sur l'urine d
femmes enceintes; on lui accordait, par suite, une certai
valeur pour le diagnostic de la grossesse, mais il n'en é
rien, car on peut l'observer aussi bien sur l'urine de l'hom
que sur celle de la femme.

18. Variations de la réaction de l'urine. — Sous l'influen
des maladies et de certaines substances médicamenteus
la réaction de l'urine est fréquemment modifiée.

Dans la fièvre typhoïde, le degré d'acidité est de bea
coup supérieur à la normale et il va en augmentant av
l'intensité de la fièvre, puis il diminue à mesure que cell
ci baisse; la réaction devient même alcaline pendant
convalescence. La même chose se passe dans les aut
affections aiguës, comme la pneumonie, la pleurésie
rhumatisme, etc. Dans le rachitisme et le diabète, l'uri
est également très acide. L'acidité de l'urine est augment
par l'ingestion d'acides organiques ou minéraux, qui so
en partie éliminés de l'organisme sans décomposition.

Chez les personnes atteintes de chloro-anémie, d'aff
blissement du système nerveux, de débilitation général
l'urine est neutre ou légèrement alcaline. Elle devient ne
tre à la suite de l'administration de médicaments alcali
ou de sels à acides végétaux (citrates, tartrates, malat
alcalins). Lorsque ces substances sont prises en gran
quantité, la réaction neutre fait place à la réaction alcalin
et des phosphates terreux peuvent même se précipit
(voy. § 94). Dans ce dernier cas, une bande de papier
tournesol rouge plongée dans l'urine devient bleue et e
reste bleue après la dessiccation; en outre, une baguet

de verre, trempée dans l'acide chlorhydrique et maintenue au-dessus de l'urine, ne dégage pas de vapeurs blanches. Cette réaction alcaline, qui persiste tant que le sang renferme des alcalis en excès, n'offre que peu d'importance.

Mais il en est autrement lorsque l'alcalinité est due à la décomposition de l'urée, c'est-à-dire à la transformation de ce corps par fermentation en carbonate d'ammonium (voy. § 17). Comme dans le cas précédent, le papier de tournesol rouge est également bleui, mais si on le chauffe, il redevient rouge, par suite de la volatilisation du carbonate d'ammonium, et une baguette de verre, humectée avec de l'acide chlorhydrique et maintenue au-dessus de l'urine, dégage des vapeurs blanches. La fermentation de l'urée (fermentation alcaline de l'urine) peut, comme nous l'avons dit plus haut (§ 17), se produire à l'intérieur de la vessie; l'urine est alors évacuée avec une réaction alcaline; elle exhale, en outre, une odeur fétide, elle est trouble et donne un dépôt, dans lequel on peut constater la présence de pus, de cristaux de phosphate ammoniaco-magnésien et d'urate d'ammonium, et de granulations amorphes de carbonate et de phosphate de calcium et de magnésium. C'est ce que l'on observe, par exemple, dans les cas de néphrite, de cystite et de paralysie de la vessie.

Il peut aussi arriver que l'urine offre une réaction acide en sortant de la vessie, et qu'au contact de l'air elle devienne ensuite alcaline, par suite de la décomposition de l'urée. Nous avons déjà dit (§ 17) que toutes les urines abandonnées à elles-mêmes au contact de l'air subissent la fermentation alcaline, mais avec l'urine normale, conservée dans un vase parfaitement propre, cette altération ne se produit jamais avant vingt-quatre heures. Si donc l'alcalinité apparaît avant ce temps, cela indique l'existence de quelque état anormal du côté des voies urinaires.

Composition chimique.

19. Éléments normaux. — L'urine *normale* renferme des substances qui, étant devenues inutiles pour l'organisme, doivent en être éliminées.

Ces substances (les *éléments normaux* de l'urine) se répartissent en deux groupes : l'un formé d'éléments organiques, qui sont les produits de la métamorphose régressive, l'autre d'éléments minéraux. Voici l'énumération de ces différents éléments :

Éléments organiques : Urée, créatinine, créatine, xanthine, acide urique, allantoïne, acide oxalurique, acide hippurique, acide benzoïque, acide succinique, acide oxalique, phénols, acide sulfocyanhydrique, matières colorantes, mucine, leucomaïnes.

Éléments minéraux : Soude, potasse, chaux, magnésie, fer, combinés aux acides chlorhydrique, sulfurique et phosphorique; acide phosphoglycérique, acide silicique, ammoniaque, acides azotique et azoteux, peroxyde d'hydrogène; gaz (acide carbonique, oxygène et azote).

Les éléments du premier groupe sont, ainsi que nous l'avons dit (§ 11), toujours en quantité plus grande que ceux du second; c'est ce que montre le tableau suivant, qui indique la proportion *moyenne* des éléments les plus importants dans un kilogramme d'urine :

Éléments organiques : 32,114 grammes.

Urée	24,270	grammes
Acide urique	0,400	—
Acide hippurique	1,000	—
Créatinine, créatine	1,000	—
Xanthine	0,004	—
Matières colorantes, etc.	5,440	—

Éléments minéraux : 15,530 grammes.

Chlorure de sodium..........................	10,231	grammes.
Sulfates alcalins..............................	3,100	—
Phosphates alcalins...........................	1,431	—
— de magnésium..................	0,455	—
— de calcium	0,313	—

20. Éléments pathologiques, sédiments et concrétions. — Les proportions des éléments normaux subissent de nombreuses variations, aussi bien à l'état normal (sous l'influence du genre d'alimentation, de l'âge, du sexe, etc.) qu'à l'état pathologique. En outre, dans les maladies, on voit souvent apparaître dans l'urine des éléments qui, à l'état normal, n'y existent pas ou seulement en quantité extrêmement faible et dont la présence constitue un signe diagnostique offrant presque toujours une très grande importance. L'albumine, ainsi que d'autres corps albuminoïdes, tels que la globuline, l'hémialbuminose, l'hémoglobine et les peptones, les sucres, le glycose surtout, les éléments de la bile (pigments et acides biliaires, cholestérine), l'acétone, la tyrosine et la leucine, la cystine, la graisse, etc., sont les principaux *éléments pathologiques* que l'on peut rencontrer dans l'urine.

Tous les éléments normaux ou pathologiques que nous venons d'énumérer se trouvent ordinairement en dissolution dans l'urine, mais il arrive quelquefois que certains d'entre eux se précipitent en partie, plus ou moins promptement après la miction, ou bien en un point quelconque de l'appareil urinaire. L'urine renferme alors des dépôts ou *sédiments*, dont l'examen doit toujours être fait avec le plus grand soin. Parfois aussi, ces sédiments sont formés d'éléments pathologiques insolubles, qui par suite ne peuvent jamais se trouver en dissolution dans l'urine.

Lorsque les sédiments ont pris naissance à l'intérieur des voies urinaires, ils peuvent aussi, au lieu d'être éliminés avec l'urine, s'accumuler et s'agglomérer dans les reins ou dans la vessie et donner naissance à des *concrétions*, qui, suivant leur volume, portent le nom de *sable*, de *graviers* ou de *calculs*.

21. Éléments accidentels. — Enfin, la plupart des substances qui sont administrées comme médicaments, ou données comme poison dans un but criminel, s'éliminent par les urines et peuvent y être retrouvées; elles constituent des *éléments accidentels*, dont la recherche offre toujours de l'importance aussi bien pour le médecin que pour le toxicologiste.

Nous sommes donc tout naturellement conduit à étudier successivement : les *éléments normaux*, les *éléments pathologiques*, les *sédiments*, les *concrétions* et les *éléments accidentels* de l'urine; c'est ce que nous allons faire dans les chapitres suivants.

CHAPITRE II

ÉLÉMENTS NORMAUX DE L'URINE

PROPRIÉTÉS, RECHERCHE, DOSAGE, VARIATIONS, ETC.

I. — ÉLÉMENTS ORGANIQUES.

Urée.

22. Propriétés. — L'*urée*, CH^4Az^2O, qui forme à elle seule presque la moitié du poids des substances solides en dissolution dans l'urine (voy. §§ 19 et 26), est un corps blanc cristallisé, d'une saveur fraîche, un peu amère, soluble dans l'eau et dans l'alcool, presque insoluble dans l'éther. Les cristaux d'urée (fig. 8) sont des prismes aplatis, allongés (*a*), souvent cannelés, dont les faces ne sont pas toujours développées uniformément; ils se déposent quelquefois sous forme dendritique (*b*).

Une solution concentrée d'urée, traitée par l'*acide azotique* exempt d'acide azoteux, laisse déposer rapidement des cristaux d'*azotate d'urée*, sous forme de tables rhomboïdales ou hexagonales (fig. 9, *a*). Avec l'acide oxalique, la solution d'urée donne des cristaux d'*oxalate d'urée* (fig. 9, *b*), qui sont plus volumineux que ceux de l'azotate.

Chauffée avec des acides, des alcalis ou des terres alcalines, l'urée se transforme, par absorption d'eau, en carbonate d'ammonium : $CH^4Az^2O + 2H^2O = (AzH^4)^2CO^3$. Sur cette réaction reposent les procédés de dosage de *Heintz* et *Ragski* et celui de *Bunsen*. L'urée éprouve cette même

2

décomposition dans la fermentation alcaline de l'urine, sous l'influence des *Micrococcus* et *Bacillus ureæ* (voy. §17).

L'acide azoteux, ainsi qu'une dissolution d'azotite de mercure dans l'acide azotique (*réactif de Millon*), décomposent l'urée en la transformant en eau, ammoniaque et volumes égaux d'acide carbonique et d'azote. (Dosage d'après *Millon, Boymond, Bouchard*, etc.)

Si l'on met l'urée en contact avec une solution d'hypochlorite ou d'hypobromite de sodium, elle se transforme en acide carbonique, azote et eau : $CH^4Az^2O +$

Fig. 8. — Urée.

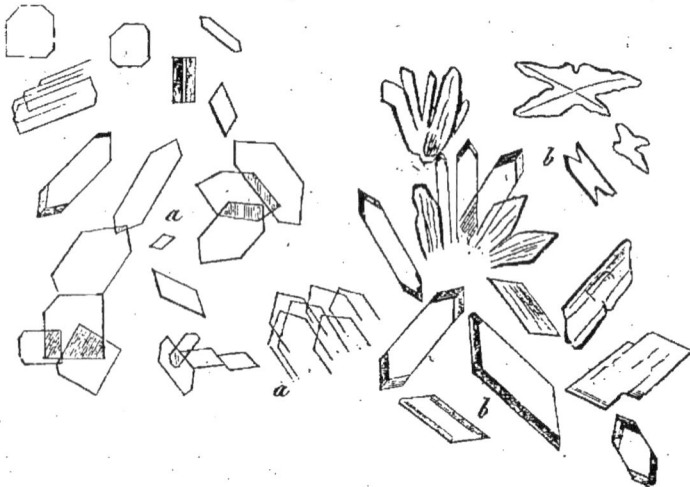

Fig. 9. — *a*, azotate d'urée; *b*, oxalate d'urée.

$3NaClO = 3NaCl + CO^2 + Az^2 + 2H^2O$. Lorsqu'on opère en présence d'un excès d'alcali, l'acide carbonique est absorbé, et il ne se dégage que de l'azote; en mesurant le volume de ce dernier, on peut calculer la quantité d'urée décomposée. (Procédés de *Lecomte*, de *Knop-Huefner*, d'*Yvon*.)

L'azotate de bioxyde de mercure, versé dans une solution étendue d'urée, donne un précipité blanc, qui ne jaunit pas au contact du carbonate de sodium. Sur cette réaction est basé le procédé de dosage de *Liebig*.

L'acétate neutre et le sous-acétate de plomb ne précipitent pas les solutions d'urée.

23. Extraction. — Pour extraire l'urée de l'urine, on précipite complètement celle-ci par une solution d'acétate neutre de plomb, on mélange le liquide filtré avec une solution d'acétate basique de plomb, et du liquide, filtré de nouveau, on élimine le plomb en excès au moyen d'un courant d'hydrogène sulfuré. Après avoir séparé par filtration le précipité de sulfure de plomb, on évapore le liquide d'abord à feu nu et ensuite au bain-marie jusqu'à consistance sirupeuse; on reprend le résidu par l'alcool, on évapore de nouveau à sec, après filtration, et on traite la masse saline par l'alcool absolu. La solution alcoolique laisse déposer par évaporation des cristaux aiguillés d'urée plus ou moins incolores.

24. Recherche. — Pour rechercher l'urée dans l'urine, on évapore au bain-marie 15 à 20 c. c. de ce liquide jusqu'à consistance sirupeuse et l'on épuise le résidu par l'alcool. La solution alcoolique ainsi obtenue laisse déposer par évaporation des cristaux plus ou moins colorés. Si l'urine renferme de l'albumine, on commence par précipiter celle-ci en chauffant le liquide avec un peu d'acide acétique, et, après filtration, on procède comme il vient d'être dit.

On s'assure que les cristaux obtenus sont bien de l'urée à l'aide des réactions suivantes : On ajoute peu à peu à une solution aqueuse et concentrée des cristaux de l'acide azotique concentré ou une solution saturée d'acide oxalique ; en présence d'urée, il se forme des précipités cristallins d'azotate ou d'oxalate, qu'il est aisé de reconnaître au microscope. — Une solution étendue des cristaux d'urée donne avec l'azotate de bioxyde de mercure un abondant précipité floconneux blanc, soluble dans un peu de solution de chlorure de sodium et qui se reproduit lorsqu'on ajoute de nouveau de l'azotate de bioxyde de mercure. — Quelques-uns des cristaux d'urée, préalablement desséchés par pression entre des feuilles de papier à filtrer, sont chauffés dans un tube à essais sec, jusqu'à ce qu'ils soient complètement fondus et qu'ils ne dégagent plus de vapeurs ammoniacales. L'urée s'est ainsi transformée en *biuret*. Pour reconnaître ce dernier, on dissout dans l'eau la masse fondue refroidie, puis on ajoute une grande quantité de lessive de soude, et ensuite, goutte à goutte, une solution étendue de sulfate de cuivre ; le liquide se colore d'abord en rose, puis en violet rouge et violet bleu, à mesure que la quantité du sel de cuivre ajoutée devient plus grande.

On peut aussi reconnaître facilement la présence de l'urée dans l'urine à l'aide du microscope : A cet effet, on dépose sur le porte-objet une goutte d'urine, que l'on chauffe doucement ; on voit alors se former, en examinant la préparation à un faible grossissement, les cristaux d'urée décrits précédemment (§ 22).

25. **Dosage**. — Parmi les nombreuses méthodes proposées pour le dosage de l'urée, nous ne décrirons que les suivantes, qui sont les plus rapides et aussi les plus exactes.

A. *Dosage de l'urée par le réactif de Millon* (*azotate azoteux de mercure*). — Cette méthode repose sur la décomposition de l'urée en acide carbonique et azote par l'azotate azoteux de mercure (voy. § 22), et la détermination du poids des deux gaz (*Boymond*), ou du volume de l'azote ou de l'acide carbonique (*Gréhant, Bouchard*).

Pour *préparer le réactif de Millon*, on dissout 125 gr. de mercure dans 170 gr. d'acide azotique pur et concentré, en chauffant à une douce chaleur; on mesure le volume de la solution ainsi obtenue, puis on y ajoute un égal volume d'eau distillée et l'on filtre.

a. Procédé de Boymond. — L'opération est effectuée à l'aide de l'appareil représenté par la figure 10, lequel se compose des deux pièces AB et C; la pièce C s'adapte dans le col *a*, par une partie usée à l'émeri, afin que la fermeture soit hermétique et que l'on puisse cependant ouvrir en *a*, pour remplir ou vider l'appareil. Dans C se trouve un tube *bc* ouvert aux deux bouts, pouvant fermer exactement l'orifice inférieur de C; ce tube *bc* traverse à frottement doux le bouchon *i*. Dans le vase A on introduit 10 c. c. de l'urine à analyser, puis, soulevant le bouchon *i*, tout en maintenant la partie inférieure de C fermée par le tube *bc*, on verse dans C 10 à 12 c. c. de réactif de Millon. On adapte C sur A et on remplit la moitié de B avec une bouillie claire, préparée en mélangeant intimement de l'acide sulfurique

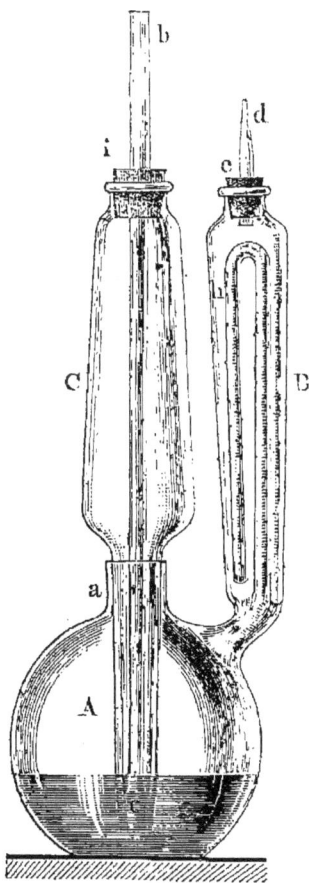

Fig. 10. — Appareil pour le dosage de l'urée d'après Boymond.

pur et concentré avec du sulfate ferreux en poudre fine.

2.

Ces liquides doivent être introduits avec des pipettes, afin d'éviter autant que possible de mouiller les parois de l'appareil. Ce dernier est ensuite essuyé avec du papier de soie et exactement pesé.

Cela fait, on soulève légèrement b, afin de faire écouler en A le réactif de Millon, après quoi on referme immédiatement l'orifice c. Des bulles gazeuses se dégagent aussitôt et passent dans la partie B, où elles abandonnent les vapeurs d'eau et de bioxyde d'azote qu'elles ont entraînées. Lorsque le dégagement a cessé à froid, on place l'appareil sur un bain de sable, très modérément chauffé, pour terminer la réaction, sans porter le liquide à l'ébullition. On adapte ensuite un tube en caoutchouc sur le tube d et on le relie à un flacon aspirateur, de façon que, le tube C étant légèrement soulevé, les gaz restés en A soient entraînés par un très faible courant d'air et passent bulle à bulle dans la partie B, pour s'échapper ensuite par d, après avoir traversé comme précédemment le mélange d'acide sulfurique et de sulfate de fer. Enfin, l'appareil complètement refroidi est essuyé et pesé de nouveau. Si maintenant on retranche le poids trouvé de celui de l'appareil avant la réaction, la différence représente le poids des gaz dégagés, et cette différence, multipliée par le coefficient, 0,8333, donne le poids de l'urée contenue dans le volume d'urine pris pour l'analyse.

Si l'on veut obtenir des résultats tout à fait exacts, il faut, avant de soumettre l'urine à l'action du réactif de Millon, la chauffer légèrement avec un peu d'acide tartrique, afin d'en expulser les gaz libres qui s'y trouvent en dissolution et qui, en se dégageant pendant le cours de l'opération, viendraient augmenter, dans une faible proportion il est vrai, la différence de poids. En outre, si l'urine renferme du carbonate d'ammonium, on doit la précipiter par l'eau de baryte et la chauffer au bain-marie jusqu'à expulsion de l'ammoniaque, puis la filtrer.

b. Procédé de Bouchard. — Ce procédé est plus simple et surtout destiné aux recherches cliniques journalières.

Dans un tube gradué, fermé à un bout et maintenu verticalement, on verse 4 à 5 c. c. de réactif de Millon; on ajoute ensuite une colonne de chloroforme s'élevant à 6 ou 8 cent. de l'extrémité ouverte du tube. Le chloroforme ne se mêle pas à la solution mercurielle et, en vertu de son poids spécifique moindre, il forme au-dessus une couche parfaitement limitée. On fait tomber sur le chloroforme 2 c. c. d'urine et on achève de remplir le tube avec de l'eau. L'urine et l'eau, plus légères encore que le chloroforme, restent au-dessus de ce dernier, sans s'y mêler. Avec le doigt recouvert d'un doigtier en caoutchouc, on ferme ensuite l'orifice du tube, on renverse celui-ci et on agite de façon à mettre en contact l'urine et la solution de mercure. Il se manifeste alors une réaction très vive; le chloroforme tombe dans la partie la plus basse fermée par le doigt et il s'en échappe un peu sous l'influence de la pression des gaz.

Quand il ne se dégage plus de bulles gazeuses, on plonge l'extrémité ouverte du tube dans un vase plein d'eau et on agite, pour remplacer par de l'eau le contenu du tube. Les gaz dégagés consistent en un mélange d'azote et d'acide carbonique. Ce dernier est déjà en partie dissous; pour achever de l'absorber, on introduit un fragment de potasse dans le tube, on ferme celui-ci avec un bouchon et on agite. Quand tout l'acide carbonique est absorbé, c'est-à-dire quand le volume du gaz ne varie plus, on enlève le bouchon, on agite le tube pour remplacer la solution de potasse par de l'eau pure, et on lit le volume de l'azote.

Le tube de *Bouchard* est gradué de façon que chaque division corresponde à 1 gramme d'urée par litre d'urine et chaque division est elle-même subdivisée en cinq ou dix parties. Si l'on n'a pas un tube semblable, il suffit de savoir que 0,373 c. c. de gaz représentent 1 milligr. d'urée.

B. *Dosage de l'urée au moyen de l'hypobromite de sodium.* — Cette méthode repose sur la décomposition à froid de l'urée par l'hypobromite de sodium (voy. § 22) et la mensuration de l'azote dégagé.

La décomposition est effectuée dans un appareil nommé *uréomètre.*

Pour préparer la solution d'hypobromite de sodium nécessaire pour l'expérience, on mélange 50 gr. de lessive de soude à 1,33 de densité avec 100 gr. d'eau distillée, puis on ajoute peu à peu 5 c. c. de brome, et on agite bien. Cette solution, contenue dans un flacon bien bouché, doit être conservée dans un lieu frais et obscur.

a. Uréomètre d'Yvon. — Il se compose d'un tube de verre AB de 40 centim. environ de longueur, avec un diamètre intérieur de 6 à 8 millim. Ce tube est muni vers son quart supérieur d'un robinet r, également en verre, et est divisé au-dessous de ce robinet en centimètres cubes et dixièmes de c. c.; dans la partie supérieure B, un trait *t* marque le volume constant de 5 c. c. (Dans les nouveaux appareils, la partie supérieure B est aussi graduée comme l'inférieure, et l'entonnoir C est supprimé, ainsi que l'étranglement qui se trouve au-dessous.)

Pour faire une analyse, on plonge la longue partie A de l'uréomètre dans une cuvette à mercure très profonde D, de manière à l'emplir jusqu'au robinet, sans laisser d'air. Après avoir fermé le robinet, on soulève le tube et on le maintient au moyen d'un support à pince. Par l'entonnoir C, on verse alors dans la partie B l'urine étendue avec

4 parties d'eau (10 c. c. d'urine et 40 c. c. d'eau), jusqu'à ce que le liquide affleure exactement le trait *t*; ce dernier limitant une capacité de 5 c. c., on a par suite versé un volume d'urine étendue égal à 5 c. c., lesquels représentent 1 c.c. d'urine pure. (Si l'on opère avec le nouvel appareil, on verse, dans la partie B du tube, l'urine étendue, exactement jusqu'au trait correspondant à 5 c. c.) On ouvre ensuite le robinet *r* et on laisse le liquide pénétrer peu à peu dans la partie A de l'uréomètre. Cela fait, on lave B avec de la lessive de soude étendue et on réunit ce liquide au premier. On fait, enfin, pénétrer 5 à 6 c. c. de solution d'hypobromite de sodium. La décomposition de l'urée commence aussitôt avec une grande énergie. Lorsque tout dégagement de gaz paraît arrêté, après agitation répétée des liquides, on introduit, en évitant l'entrée de l'air, une petite quantité de solution d'hypobromite pour s'assurer si toute l'urée est bien décomposée. Puis on retire le tube de la

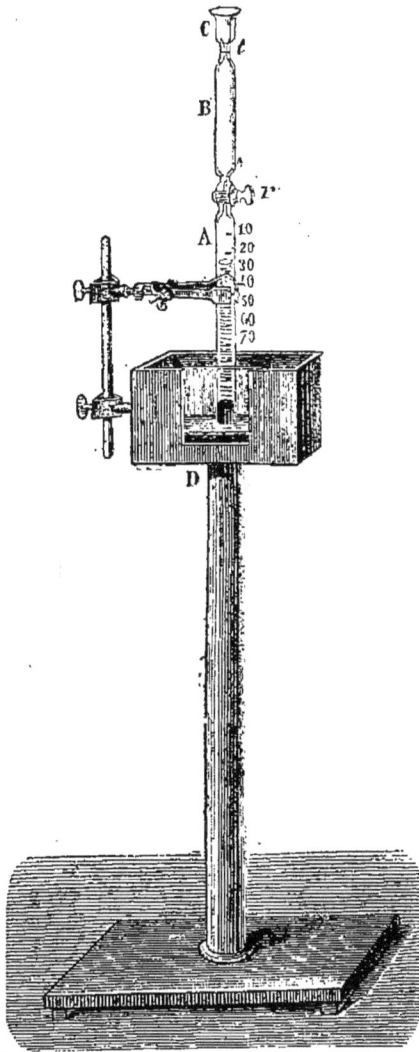

Fig. 11. — Uréomètre d'Yvon.

cuvette à mercure, en le bouchant soigneusement avec le doigt, et on le porte sur une cuve à eau. On retire le doigt de l'extrémité du tube : le mercure contenu dans le tube tombe au fond du vase et se trouve remplacé par de l'eau, ainsi que la solution saline, qui est entraînée par suite de sa plus grande densité. On égalise alors les deux niveaux liquides de la cuve et du tube, et on note le volume du gaz, qui est de l'azote pur, l'acide carbonique, résultant de la même réaction, ayant été absorbé par l'excès de soude caustique de la liqueur.

Il faudrait maintenant, pour connaître la quantité d'urée correspondant à l'azote trouvé, réduire le volume à la température de zéro et à la pression normale. Mais ces corrections exigeant des calculs assez nombreux et assez délicats, on les évite en répétant dans les mêmes conditions, à chaque fois, une analyse semblable avec une solution titrée d'urée, que l'on prépare en dissolvant 1 gr. d'urée pure, desséchée dans le vide en présence d'acide sulfurique, dans une quantité d'eau distillée suffisante pour former le volume de 500 c. c., et dont on emploie pour chaque expérience 5 c. c. représentant 1 centigr. d'urée.

Cette seconde expérience terminée, il est maintenant facile par un calcul simple de connaître à combien d'urée correspond le volume d'azote trouvé. Si, par exemple, 1 centigr. d'urée donne 40 divisions d'azote et si avec 1 c. c. d'urine on en obtient 86, on pose la proportion suivante :

$$40 : 1 = 86 : x,$$

d'où

$$x = \frac{86}{40} = 2,15.$$

L'urine analysée renferme donc 2 centigr. 15 par c. c. ou 21,50 gr. par litre.

Magnier de la Source a modifié l'uréomètre d'*Yvon* en

augmentant sa capacité, de façon à pouvoir opérer sur une quantité d'urine plus grande (5 c. c. au lieu de 1 c. c.) et à diminuer ainsi les chances d'erreur.

b. Uréomètre de de Thierry. — Avec cet appareil, repré-

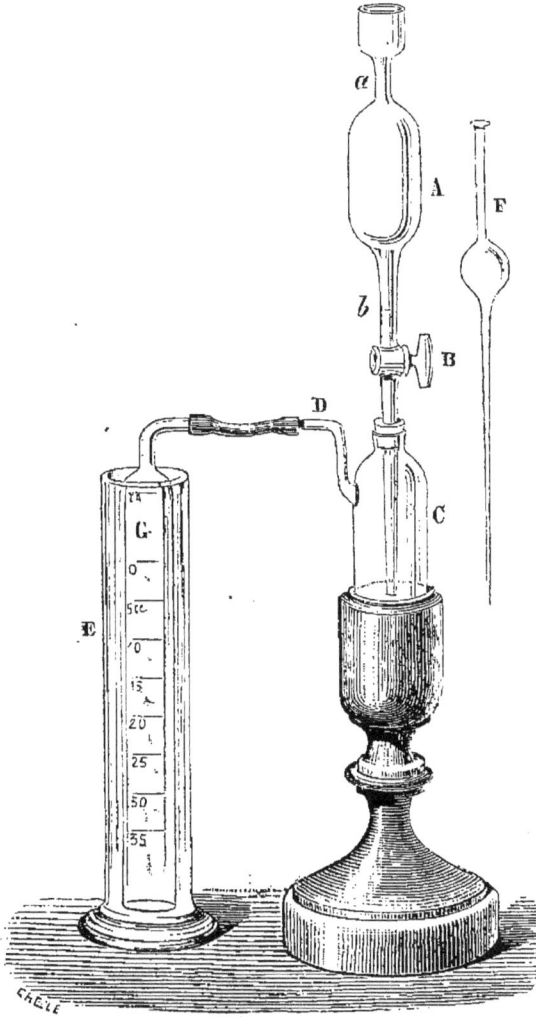

Fig. 12. — Uréomètre de de Thierry.

senté par la figure 12, l'opération peut être effectuée sans cuve à mercure. A l'aide de la pipette F, on mesure exactement 2 c. c. de l'urine à analyser, puis on les verse dans C ; après avoir adapté A sur C et fermé le robinet B, on introduit dans A 10 c. c. de solution d'hypobromite de sodium, puis ayant réuni, au moyen d'un bout de tube en caoutchouc, le tube D avec la tubulure de la cloche graduée G, placée dans l'éprouvette E, remplie d'eau, on fait affleurer le liquide jusqu'au trait de la cloche limitant au-dessus du zéro une capacité de 10 c. c. Cela fait, on ouvre le robinet B et on laisse couler de A en C la solution d'hypobromite. Le gaz azote résultant de la décomposition de l'urée se rend dans la cloche G ; on lit son volume lorsque tout dégagement a cessé et on calcule la quantité correspondante d'urée comme précédemment, en se basant sur le résultat d'une analyse effectuée préalablement avec une solution titrée d'urée.

Yvon a également construit un uréomètre (*uréomètre à eau*) permettant d'opérer sans mercure.

c. Uréomètre d'Esbach. — L'uréomètre d'*Esbach* consiste simplement en un tube de verre gradué par dixièmes de c. c., fermé par un bout et d'une contenance totale de 28 c. c. ; sa longueur est égale à 38 centimètres.

On verse dans ce tube 7 c. c. de solution d'hypobromite de sodium, on ajoute par-dessus, jusqu'à la division 140 environ, une couche d'eau, qui, à cause de sa densité plus faible, ne se mêle pas à l'hypobromite ; on lit sur la division du tube le niveau du liquide, soit 143,5, en tenant compte par à peu près des fractions de division, puis on verse 1 c. c. de l'urine à essayer, exactement mesuré à l'aide d'une pipette. Le volume de liquide est alors égal au volume initial (143,5 divisions), plus 1 c. c. équivalent à 10 divisions, soit un total de 153,5 divisions. On bouche immédiatement le tube avec le pouce recouvert d'un doigtier en caoutchouc et on agite fortement. Quand il ne se

dégage plus de gaz, on plonge l'extrémité ouverte de l'uréomètre dans un vase plein d'eau; on retire le pouce, et
immédiatement le gaz qui s'est formé dans le tube refoule
un volume d'eau égal au sien. Il faut maintenant ramener
à la pression ambiante; à cet effet, on couche le tube de
façon à faire coïncider les niveaux liqui-
des dans le tube et dans le vase à eau,
puis on bouche de nouveau avec le pouce
et on relève l'uréomètre. Enfin, on dé-
bouche le tube en soufflant horizonta-
lement sur le doigt, pour empêcher
l'eau qui y adhère de tomber dans le
tube, et, après quelques instants, on lit.
On trouve, par exemple, à cette seconde
lecture 117, qui, retranché de 153,5,
donne 36,5.

Pour connaître le poids d'urée auquel
correspondent ces 36,5 divisions, on
peut, comme précédemment, faire une
seconde analyse avec 1 c. c. d'une solution d'urée au centième et diviser le
nombre 36,5 (fourni par l'urine analysée)
par celui que donnera la solution normale d'urée. On obtient ainsi en centigrammes la quantité d'urée contenue

Fig. 13. — Baroscope.

dans 1 c. c. de l'urine essayée, et en multipliant par 10
on a cette quantité en grammes et pour un litre.

Au lieu de faire une seconde analyse, on peut ramener
avec une grande facilité le volume du gaz à 0° et à la pression 760, en se servant du *baroscope* imaginé par *Esbach*.
Ce petit instrument (fig. 13) consiste en un tube recourbé
en U, dont l'une des branches se termine par une boule
et dont l'autre est ouverte; il contient un liquide coloré

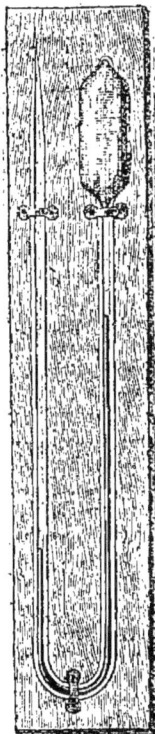

non volatil, qui indique par sa hauteur, dans la branche fermée par la boule, la tension du gaz à la température du laboratoire et à la pression atmosphérique du moment. Aussitôt que l'analyse est terminée, on enfonce dans l'uréomètre la boule du baroscope, préalablement muni pour cet usage d'un petit bouchon en caoutchouc. On renverse l'uréomètre de façon à mettre à la température du liquide le gaz qui est dans la boule, et on note le chiffre indiqué par le baroscope. Le 760 de ce dernier correspondant à la correction du volume du gaz pour 760 mm., à 0° et à la tension de 4 mm. de la vapeur d'eau à 0°, on n'a plus qu'à multiplier le résultat de l'analyse de l'urine par le chiffre indiqué par le baroscope et à diviser le tout par le produit de 760 par 35,4. Le nombre 35,4 représente ce que donne une analyse corrigée faite avec la solution normale d'urée. On a encore cette fois en centigrammes la quantité d'urée contenue dans 1 c. c. d'urine. A l'aide de tables construites par *Esbach*, on peut trouver immédiatement et sans calcul le poids exprimé en grammes de l'urée renfermée dans 1 litre de l'urine essayée. Le temps nécessaire pour l'analyse est ainsi réduit à 4 ou 5 minutes.

Exemple. — La réaction chimique a fourni 43,5 divisions de gaz; le baroscope marquait 730. On cherche dans la colonne verticale gauche de la table le chiffre 43,5, puis dans la ligne horizontale qui se trouve en haut de la page le nombre 730; on descend ensuite verticalement jusqu'en regard du chiffre 43,5, et on trouve 11,8, c'est-à-dire 11,8 gr. pour 1 litre, à 5 centigr. près [1].

L'hypobromite de sodium décompose aussi la créatinine et les urates, de sorte qu'en traitant l'urine brute par ce

[1] On peut se procurer l'uréomètre, le baroscope et les tables d'Esbach chez M. Brewer, 43, rue Saint-André-des-Arts, à Paris.

réactif on dose en masse toutes ces substances ; mais comme celles-ci se trouvent généralement en si petite quantité dans l'urine, on peut se contenter de retrancher 4,5 p. 100 du chiffre obtenu pour l'urée. Toutefois lorsqu'il s'agit d'une analyse tout à fait exacte, il faut d'abord éliminer la créatinine par le chlorure de zinc en solution alcoolique et les urates par l'acétate de plomb, puis précipiter l'excès de ce dernier par le phosphate de sodium. En faisant un premier essai avec l'urine naturelle, un second après avoir séparé la créatinine, et un troisième quand on a précipité les urates, on obtient, par la différence entre le premier et le deuxième de ces nombres, la quantité d'azote due à la créatinine, et, par la différence entre le second et le troisième, celle due aux urates. Enfin, lorsque l'urine renferme de l'albumine, il est convenable d'éliminer celle-ci en la coagulant par la chaleur.

26. **Variations de l'urée.** — Un homme adulte, faisant usage d'une alimentation mixte et se livrant à un exercice modéré, élimine en vingt-quatre heures 25 à 35 gr. d'urée, soit 18 à 23 gr. par litre d'urine, le volume moyen de celle-ci étant 1 litre 400 dans le même temps. Chez la femme, la quantité de l'urée excrétée est plus faible, elle ne dépasse pas 20 à 32 gr. en vingt-quatre heures, et le volume moyen de l'urine étant égal à 1 litre 200, cela fait 16 à 25 gr. d'urée par litre. Chez l'enfant, la quantité de l'urée excrétée est plus grande que chez l'adulte relativement au poids du corps.

Les moyennes normales que nous venons de donner sont naturellement un peu modifiées par la constitution de l'individu, le mode d'alimentation, le degré d'activité corporelle, et les variations observées se rencontrent aussi bien chez des personnes différentes que chez le même individu considéré à des époques différentes. La nature des aliments

exerce une influence très grande sur l'excrétion de l'urée :
avec une nourriture animale pure, on élimine plus d'urée
qu'avec une nourriture mixte, et plus avec celle-ci qu'avec
une nourriture végétale, et c'est pendant l'abstinence complète qu'on en élimine le moins. En général, tout ce qui
donne à la métamorphose des corps protéiques une activité plus grande augmente la production de l'urée et
inversement. C'est pour cela qu'il se forme plus d'urée pendant le jour que pendant la nuit, et que sa quantité augmente et diminue avec l'activité du corps et de l'esprit.
L'ingestion d'une abondante quantité de liquide augmente
non seulement le volume de l'urine, mais encore la proportion de l'urée.

Dans les *maladies*, l'excrétion de l'urée subit de nombreuses variations. Une *augmentation (azoturie)* indique
toujours, lorsqu'elle est *persistante*, un accroissement d'activité dans la métamorphose des corps azotés; une augmentation *momentanée* peut tenir au contraire à ce que la
sécrétion de l'urine par laquelle l'urée accumulée dans le
corps est promptement éliminée, est devenue plus abondante, et elle n'indique pas nécessairement une production d'urée plus grande. Une *diminution (hypoazoturie)* peut
dépendre d'un ralentissement de la métamorphose des substances protéiques ou de la rétention de l'urée dans l'économie.

Dans toutes les maladies fébriles aiguës (pneumonie,
fièvres typhoïde et éruptives, rhumatisme, etc.), on observe
d'abord, jusqu'à ce que la fièvre soit arrivée à son maximum,
une augmentation de la quantité de l'urée, quelquefois très
considérable; elle peut s'élever jusqu'à 60 et même 80 gr.
en vingt-quatre heures. Plus tard, lorsque, à mesure que
la fièvre baisse, l'activité de la métamorphose organique
s'est amoindrie, et pendant que le malade ne prend que

très peu d'aliments, la quantité d'urée descend au-dessous de la normale, pour y revenir graduellement dans la convalescence. Dans les fièvres intermittentes, l'excrétion de l'urée devient notablement plus grande pendant les accès, et cette augmentation commence avant l'apparition de la période algide. Dans l'ictère simple, l'urée augmente quelquefois considérablement au début de l'affection. Enfin, l'excrétion exagérée de l'urée peut exister comme complication du diabète glycosurique et quelquefois aussi elle constitue une maladie spéciale, avec polyurie, mais sans glycosurie, à laquelle on a donné le nom de *diabète azoturique*.

Dans la plupart des affections chroniques, où l'activité de la métamorphose organique est beaucoup amoindrie, la quantité de l'urée descend au-dessous de la normale, mais elle augmente lorsque surviennent des exacerbations aiguës.

Lorsqu'il y a en même temps diminution de l'activité des reins, comme dans la maladie de Bright et vers la fin des affections mortelles, il n'est plus éliminé qu'une quantité d'urée extrêmement faible (5 à 6 gr. par jour). Dans les hydropisies, la diminution est souvent considérable, parce qu'une certaine quantité de l'urée formée se dissout dans les liquides épanchés et est retenue avec ceux-ci dans le corps. Mais lorsque, dans ces maladies, il survient une abondante sécrétion d'urine, soit spontanément, soit sous l'influence de diurétiques, l'élimination de l'urée devient quelquefois beaucoup plus grande que celle qui correspond à la production normale. Dans les tumeurs de mauvaise nature, le chiffre de l'urée s'abaisse peu à peu et finit par rester inférieur à 12 gr. par vingt-quatre heures; cette hypoazoturie, signalée par *Rommelaere* et confirmée par *Dujardin-Baumetz*, n'existerait pas dans les cas de tumeurs bénignes et offrirait, par suite, une importance particulière pour le diagnostic des premières.

Lorsque pendant un long temps il est éliminé par les urines une quantité d'urée beaucoup plus faible qu'à l'ordinaire (comme dans les néphrites), celle-ci s'accumule dans le sang. Cette accumulation de l'urée dans le sang était autrefois considérée comme la cause des *accidents urémiques (urémie)* que l'on observe dans la maladie de Bright; mais il paraît aujourd'hui démontré que ces accidents doivent être attribués à des causes multiples; en effet, suivant *Bouchard* [1], l'urémie serait un empoisonnement complexe, auquel contribueraient dans des proportions inégales tous les poisons introduits normalement ou fabriqués physiologiquement dans l'organisme, lorsque la quantité des poisons fabriqués ou introduits en vingt-quatre heures ne peut plus être éliminée dans le même temps par les reins devenus trop peu perméables.

Les *médicaments* exercent également une certaine influence sur l'élimination de l'urée. C'est ainsi que les préparations ferrugineuses, les chlorures alcalins, les préparations de scille et de colchique l'augmentent, tandis qu'elle diminue par les carbonates alcalins, les sels à acides organiques, les iodures et bromures alcalins, les préparations de mercure, de digitale et de valériane, les infusions de thé et de café, les boissons alcooliques.

Créatinine et créatine.

27. — La créatine existe dans le suc des muscles ; elle passe dans le sang, où elle se transforme en créatinine, pour être ensuite éliminée sous cette forme par l'urine. On

[1] *Leçons sur les auto-intoxications dans les maladies*, Paris, 1887.

admet généralement que ce dernier liquide contient, outre la créatinine, une très petite quantité de créatine; mais, d'après *K.-B. Hoffmann*, il n'y aurait dans l'urine normale que de la créatinine, et la créatine qui peut s'y trouver quelquefois provient de la transformation d'une partie de la créatinine dans l'urine elle-même.

28. Créatinine. — La *créatinine*, $C^4H^7Az^3O$, est une base puissante, non volatile, qui déplace l'ammoniaque de ses sels. Elle forme des cristaux prismatiques (fig. 14), incolores, très brillants, solu-

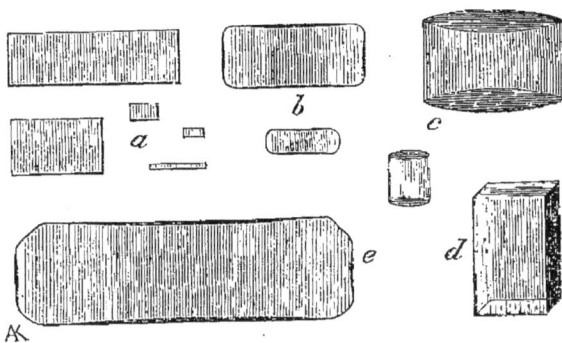

Fig. 14. — Créatinine.

bles dans 11 parties d'eau froide, dans 100 parties d'alcool absolu, et plus solubles encore dans ces liquides bouillants; l'éther ne dissout que de très petites quantités de créatinine. Les solutions ne sont que faiblement alcalines. La créatinine donne avec les acides minéraux ordinaires des sels qui cristallisent bien et sont facilement solubles.

Si à une solution de créatinine on ajoute une solution concentrée de chlorure de zinc, il se produit immédiatement un précipité cristallin de *chlorure double de zinc et de créatinine*

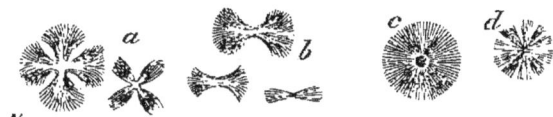

Fig. 15. — Chlorure double de zinc et de créatinine.

$(C^4H^7Az^3O)^2$, $ZnCl^2$ (fig. 15). Cette combinaison, difficilement soluble dans l'eau froide, plus facilement soluble dans l'eau bouillante et insoluble dans l'alcool, sert pour

isoler la créatinine ; elle contient 62,44 pour 100 de créatinine. L'azotate d'argent, le bichlorure et l'azotate de
bioxyde de mercure précipitent les solutions de créatinine.

La créatinine en solution alcaline se transforme peu à
peu en créatine ; la chaleur favorise cette métamorphose,
qui se produit également lorsqu'on abandonne à elle-même
pendant plusieurs mois une solution de créatinine.

29. *L'extraction.* — Pour extraire la créatinine de l'urine,
on précipite 300 c. c. (ou un volume plus grand) de ce
liquide avec un mélange de lait de chaux et de chlorure de
calcium (l'urine albumineuse doit d'abord être débarrassée
de l'albumine par coagulation ; dans l'urine diabétique, le
sucre doit être détruit par fermentation). On concentre le
liquide filtré à consistance sirupeuse et on le reprend par 40 à
50 c. c. d'alcool à 95° ; on filtre après six ou huit heures, en
remuant fortement la masse, et on lave le filtre avec un peu
d'alcool. Si la solution alcoolique occupe un volume supérieur à 60 c. c., on la concentre par évaporation au bain-
marie. On ajoute au liquide refroidi un demi-centimètre
cube d'une solution alcoolique saturée de chlorure de zinc,
on agite, et l'on abandonne le mélange dans une cave. Au
bout de deux ou trois jours, la créatinine s'est déposée sur
les parois du vase sous forme de chlorure de zinc et de
créatinine. Pour isoler la créatinine, on dissout le sel double
dans un peu d'eau bouillante, puis on fait bouillir pendant
un quart d'heure la solution avec de l'oxyde de plomb
hydraté. On filtre et on évapore à sec la liqueur après l'avoir
décolorée par ébullition avec du charbon animal. Le résidu,
qui consiste en un mélange de créatinine et de créatine, est
traité par l'alcool concentré froid, qui dissout la créatinine
et laisse la créatine. En évaporant la solution alcoolique,
on obtient la créatinine en beaux cristaux, et l'on peut aussi
avoir dans le même état la *créatine* en faisant cristalliser

dans un peu d'eau bouillante la partie insoluble dans l'alcool.

30. *Recherche.* — Pour la recherche de la créatinine dans l'urine, on peut se servir de la réaction suivante, indiquée par *Weyl* : Si l'on mélange l'urine avec quelques gouttes d'une solution très étendue de nitroprussiate de sodium et d'une lessive de soude diluée, le liquide prend d'abord une belle coloration rouge rubis, qui passe bientôt au jaune. La présence du sucre ou de l'albumine n'empêche pas la réaction, qui n'est produite par aucune autre dès substances en dissolution dans l'urine. Lorsque l'urine est trop foncée, cette réaction ne réussit pas; il faut, dans ce cas, isoler la créatinine à l'état pur ou préparer simplement le chlorure de zinc et de créatinine (voy. § 29), puis soumettre la solution de l'un ou de l'autre de ces corps à l'action du nitroprussiate de sodium et de la solution de soude. La créatinine isolée de l'urine peut aussi être reconnue à ses formes cristallines (voy. § 28).

31. *Dosage.* — On détache des parois du vase le précipité de chlorure de zinc et de créatinine obtenu comme il a été dit plus haut (§ 29), on le recueille sur un petit filtre taré, on le lave avec de l'alcool et on repèse le filtre après dessiccation à 100°. La différence de poids p représente la quantité de chlorure de zinc et de créatinine retirée de 300 c. c. d'urine, et $\dfrac{p \times 62,44}{100} = x$ celle de la créatinine renfermée dans le même volume d'urine. Pour obtenir le poids de la créatinine par litre, il suffit de diviser x par 3 et de multiplier le résultat par 10.

32. *Variations.* — Un homme sain faisant usage d'une nourriture mixte élimine en moyenne par vingt-quatre heures 1 gr. de créatinine. L'excrétion de cette substance subit une augmentation lorsqu'on fait usage d'une alimen-

tation fortement azotée; il en est de même dans les maladies fébriles aiguës (pneumonie, fièvre typhoïde, fièvre intermittente); elle diminue au contraire dans la convalescence de ces maladies, ainsi que dans l'anémie, la chlorose, la tuberbulose, l'atrophie musculaire progressive.

33. **Créatine.** — La *créatine*, $C^4H^9Az^3O^2$, se présente sous forme de prismes rhomboedriques, incolores et très brillants (fig. 16). Elle a une saveur âpre et amère; elle se dissout dans 75 parties d'eau froide, dans 9410 parties d'alcool, pas du tout dans l'éther. La solution est sans action sur les couleurs végétales, et, lorsqu'on l'évapore, la créatine se transforme peu à peu en créatinine. Les acides minéraux produisent également à chaud cette transformation. Les solutions concentrées donnent avec le chlorure de zinc un précipité cristallin de *chlorure de zinc et de créatine*. La créatine ne donne pas la réaction de *Weyl*.

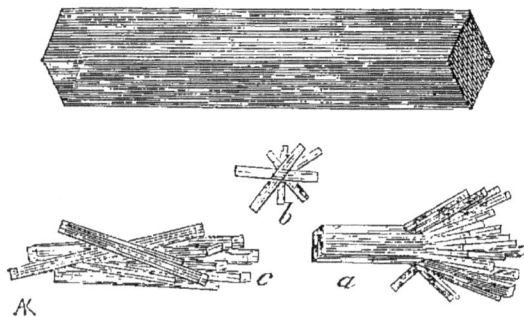

Fig. 16. — Créatine.

Pour l'extraction de la créatine de l'urine, voy. § 29. Pour doser la créatine, on recueille sur un filtre le résidu du traitement par l'alcool du mélange de créatinine et de créatine obtenu comme il a été dit à propos de l'extraction de la créatinine, puis on le dessèche et on le pèse.

Xanthine et hypoxanthine.

34. **Xanthine.** — La *xanthine*, $C^5H^4Az^4O^2$, n'existe qu'en très petite quantité dans l'urine normale (1 gr. dans

300 litres), mais on la trouve en plus grande proportion dans l'urine des leucémiques, et elle entre, seule ou dans une grande proportion, dans la composition de certains calculs urinaires.

La xanthine se présente sous forme d'un corps blanc à éclat cireux, peu soluble dans l'eau, insoluble dans l'alcool et l'éther, soluble dans l'ammoniaque, la potasse et la soude caustiques. Elle forme avec les acides chlorhydrique et azotique des combinaisons cristallines (fig. 17). Elle est précipitée de sa solu-

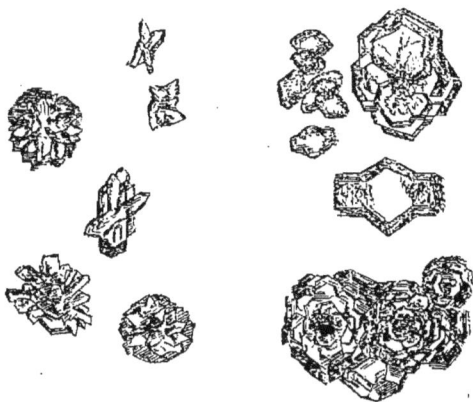

Fig. 17. — Chlorhydrate et azotate de xanthine.

tion ammoniacale par le chlorure de zinc, le chlorure de calcium et l'acétate de plomb; de sa solution aqueuse à chaud (flocons verts) par les acétates de cuivre et de bioxyde de mercure. Si l'on évapore la xanthine avec de l'acide azotique, on obtient un résidu jaunâtre, qui est coloré par la potasse en jaune rouge, à froid, et rouge violet, à chaud. Une parcelle de xanthine déposée à la surface d'un mélange de lessive de soude avec un peu de chlorure de chaux s'entoure d'un cercle vert foncé, qui passe bientôt au brun et disparaît.

35. Hypoxanthine. — L'*hypoxanthine* ou *sarcine*, $C^5H^4Az^4O$, est un corps voisin de la xanthine, que l'on rencontre en petites quantités dans différents organes (rate, foie, pancréas) et qui existerait aussi quelquefois dans l'urine à l'état pathologique (leucémie).

Acide urique.

36. — Cet acide ne se trouve pas seulement en dissolution dans l'urine, on le rencontre aussi fréquemment dans
les calculs et les sédiments urinaires.

37. **Propriétés.** — L'*acide urique*, $C^5H^4Az^4O^3$, est un corps
blanc, cristallisé, insipide et inodore, très peu soluble dans
l'eau, insoluble dans l'alcool, dans l'éther et l'acide chlor-

Fig. 18. — Acide urique.   Fig. 19. — Acide urique déposé dans l'urine.

hydrique étendu. Il se présente sous des formes cristallines très variées (fig. 18, 19 et 20) : prismes à quatre faces
(*a*, fig. 18), rhomboèdres, losanges, groupés de diverses
manières (fig. 19); les cristaux qui se séparent de l'urine
sont ordinairement colorés en jaune ou en rouge; parfois
les angles s'arrondissent et il se produit des cristaux fusi-
formes (fig. 20, *a*). La forme *c* (fig. 18), dite en haltère ou
en sablier (*dumb-bells* des observateurs anglais), est assez
fréquente dans les sédiments, mais elle peut aussi appar-

tenir à d'autres corps, comme à l'oxalate et au carbonate de calcium.

Chauffé dans un tube de verre, l'acide urique se dédouble en urée et acide cyanurique, qui se sublime, et il se dégage en même temps de l'acide cyanhydrique et un peu de carbonate d'ammonium.

Il se dissout facilement dans les alcalis fixes, diffici-

Fig. 20. — Cristaux d'acide urique de couleur jaune laque déposés dans l'urine.

lement dans l'ammoniaque. Les carbonates, les phosphates et les borates des alcalis fixes le dissolvent également, tandis que les sels ammoniacaux correspondants ne le dissolvent pas.

Une solution potassique d'acide urique réduit à chaud la liqueur de Fehling.

38. Urates. — L'acide urique forme avec les alcalis deux séries de sels : des *urates neutres* et des *urates acides*, qui sont plus solubles que l'acide libre et se dissolvent beaucoup plus facilement à chaud qu'à froid ; en outre, les sels neutres sont à leur tour plus facilement solubles que les sels acides. Les urates neutres de potassium et de lithium sont les plus solubles, tandis que l'urate acide d'ammonium est le plus insoluble.

Lorsqu'on vient à ajouter un acide (chlorhydrique, acétique) aux dissolutions des urates, l'acide urique s'en sépare à l'état cristallin et, si les liqueurs sont concentrées, la séparation a lieu immédiatement ; mais, si elles sont étendues, comme l'urine, par exemple, elle ne se produit qu'après un long repos.

L'acide urique, étant difficilement soluble dans l'eau, n'existe jamais dans l'urine normale à l'état libre; il s'y trouve toujours en combinaison avec des bases, principalement avec la potasse et la soude, sous forme d'urates neutres plus solubles. Lorsque le volume de l'urine vient à diminuer pour une cause quelconque, la proportion des urates restant la même, on voit ceux-ci se déposer et former un sédiment, l'eau de l'urine ne suffisant plus pour les dissoudre, car les urates neutres, tout en étant plus solubles que l'acide urique, ne sont cependant pas très solubles. On observe également la formation d'un sédiment d'urates lorsque l'urine est exposée à une basse température, comme cela a lieu en hiver, les urates étant beaucoup moins solubles à froid qu'à chaud. Si l'urine est très acide, ce qui a lieu lorsqu'elle renferme une forte proportion de phosphates acides, ceux-ci enlèvent aux urates neutres une partie de leur base, en les transformant en urates acides, qui, bien moins solubles que les sels neutres, se précipitent; les phosphates acides peuvent même prendre aux urates toute leur base, et le précipité est alors formé par de l'acide urique libre. C'est par suite de cette réaction que se forment les dépôts d'urates et d'acide urique que l'on observe pendant la première période de la décomposition de l'urine au contact de l'air (voy. § 17). C'est aussi à la même cause qu'est due, le plus souvent, la formation des sédiments d'urates dans différentes affections; enfin, une augmentation anormale de la quantité de l'acide urique peut aussi déterminer la formation d'un sédiment d'urates (voy. § 174).

39. Extraction et recherche de l'acide urique. — On mélange de l'urine du matin fraîche et filtrée avec 20 c. c.

d'acide chlorhydrique par litre et on laisse reposer pendant quarante-huit heures. Au bout de ce temps, on trouve l'acide urique séparé sous forme de cristaux plus ou moins colorés au fond et sur les parois du vase, et même à la surface du liquide.

En soumettant à l'examen microscopique les cristaux, isolés de l'urine comme il vient d'être dit, on reconnaît les formes décrites précédemment (§ 37). L'acide urique déposé spontanément, comme celui qui se trouve dans les sédiments, offre ordinairement une coloration jaune foncé, rouge orangé ou brune et il se présente au microscope sous forme de tables quadrangulaires (rectangles ou losanges, fig. 19), de prismes à six faces, souvent réunis en étoiles (fig. 20, b), ou pierres à aiguiser (a). Si l'on avait quelque doute au sujet de la forme trouvée, il suffirait de dissoudre un cristal dans une goutte de lessive de potasse sur le porte-objet du microscope et d'ajouter un peu d'acide chlorhydrique. Sous l'influence de ce traitement, les formes ordinaires ne tarderont pas à se produire. Si l'acide urique est mélangé avec des urates, on le sépare de ceux-ci en chauffant et filtrant; les urates se dissolvent, tandis que l'acide urique libre reste sur le filtre.

Pour contrôler le résultat de l'examen microscopique, on effectue la *réaction de la murexide* :

Dans une petite capsule en porcelaine, on humecte avec une ou deux gouttes d'acide azotique concentré un petit échantillon des cristaux et on chauffe doucement. L'acide urique se dissout avec effervescence et dégagement de vapeurs rutilantes. On évapore avec précaution la solution à siccité et l'on humecte le résidu avec une toute petite quantité d'ammoniaque. Il se produit alors, si l'on a affaire à de l'acide urique (ou à des urates), une belle coloration *rouge pourpre*, qui passe au violet bleu par l'addition de potasse ou soude caustique. Cette réaction, tout à fait caractéristique et d'une extrême sensibilité, réussit mieux, suivant *Magnier de la Source*, si l'on remplace l'acide azotique par le brome : on humecte avec quelques gouttes d'eau bromée (brome 5 à 6 gouttes, eau 100 c. c.) la substance à essayer, on évapore au bain-marie, puis on traite par l'ammoniaque le résidu rouge brique ; celui-ci prend alors la coloration rouge pourpre, que la potasse fait passer au violet bleu.

40. Dosage. — On prend sur la quantité d'urine émise en vingt-quatre heures, préalablement filtrée, 200 c. c., que l'on mélange avec 20 c. c. d'acide chlorhydrique pur à 1,12 de densité ; on agite bien, on couvre le vase avec une plaque de verre et on laisse reposer pendant quarante-huit heures dans un lieu frais. On recueille sur un petit filtre, de 5 à 6 centimètres de diamètre, l'acide urique qui s'est séparé. Ce filtre, fait avec du papier Berzélius, a été préalablement desséché à 100° et pesé ; à cet effet, le filtre est posé sur deux verres de montre (*b*, fig. 21) placés l'un dans l'autre et introduit dans une

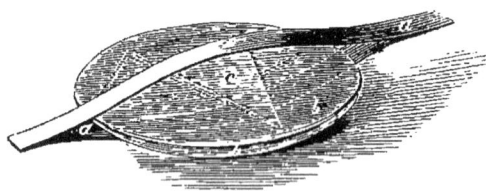

Fig. 21.

étuve ; la dessiccation achevée, on recouvre le filtre *c* avec le verre inférieur, on fixe le tout à l'aide de la pince *a* et l'on pèse, après refroidissement dans un exsiccateur.

On détache les cristaux d'acide urique adhérents à la paroi du vase à l'aide d'une baguette de verre recouverte à une extrémité avec un bout de tube en caoutchouc et l'on fait tomber sur le filtre les cristaux libres avec le liquide qui a déjà traversé le filtre, et non avec de l'eau. Lorsque la filtration est achevée, on lave le filtre avec de l'eau distillée froide, dont il suffit ordinairement d'employer 30 c. c. On enlève alors le filtre de l'entonnoir, on le dessèche de nouveau à 100° sur les verres de montre, puis on pèse comme il a été dit précédemment. L'augmentation du poids de l'appareil représente la quantité d'acide urique contenue dans 200 c. c. d'urine.

Cette méthode est entachée de deux causes d'erreur : il reste toujours en dissolution une certaine quantité d'acide urique et ce dernier entraîne toujours, en se séparant, un peu de matière colorante. La première de ces causes d'erreur rend le résultat trop faible, la seconde trop élevé, mais elles se compensent si, pour le lavage, on n'emploie pas plus de 30 c. c. d'eau. Lorsque, comme c'est le cas le plus fréquent, on emploie une quantité d'eau de lavage plus grande, on ajoute au poids d'acide urique trouvé 0,0045 gr. (*Zabelin*) ou 0,0048 gr. (*Schwanert*) par chaque 100 c. c. de liquide filtré. Si, par exemple, on a employé pour le lavage 100 c. c. d'eau, on aura un volume total de liquide (urine, eau de lavage) égal à 200 + 100 = 300 c. c.; il faudra donc ajouter au poids trouvé pour l'acide urique 0,0045 × 3 = 0,0135 gr.

Si l'urine renferme un sédiment d'acide urique ou d'urate, il faut d'abord la chauffer afin de redissoudre le dépôt, puis la filtrer, et, lorsqu'elle est refroidie, on prélève la quantité nécessaire pour l'analyse. On peut aussi séparer le sédiment par filtration, le dissoudre dans une lessive de soude et précipiter l'acide urique par l'acide chlorhydrique. Lorsque l'urine est albumineuse, il faut préalablement éliminer l'albumine par coagulation et filtration.

41. Variations. — La quantité d'acide urique éliminée en vingt-quatre heures varie de 0,30 à 0,80 gr., soit une moyenne de 0,55 gr. Mais cette moyenne peut subir de grandes variations, suivant la nature des aliments ingérés;

ainsi, tandis que chez les individus soumis à un régime peu azoté l'acide urique diminue beaucoup, il augmente au contraire chez ceux qui font usage d'aliments fortement azotés. On observe une diminution de cet acide après l'ingestion de boissons abondantes, qui augmentent au contraire le chiffre de l'urée (voy. § 26).

L'excrétion de l'acide urique est augmentée dans toutes les affections fébriles accompagnées de gêne de la respiration, telles que la pleurésie, la péricardite, la bronchite capillaire et la pneumonie, ainsi que dans l'emphysème pulmonaire chronique; il en est de même dans la dyspepsie, la leucémie, l'anémie pernicieuse et l'état pathologique désigné sous le nom de *diathèse urique;* dans ce dernier cas, une partie de l'acide urique se sépare souvent dans les voies urinaires mêmes et est éliminée avec l'urine sous forme de petits grains rouges (*sable* ou *gravelle urique*). L'élimination de l'acide urique, qui, dans le rhumatisme articulaire aigu, subit souvent une notable augmentation au summum de la maladie, diminue au contraire au déclin de l'affection, ainsi que dans la forme chronique. Dans la goutte aiguë, un peu avant l'attaque, l'excrétion est très faible; après l'attaque elle augmente peu à peu et ensuite elle diminue; dans la goutte chronique c'est une diminution que l'on observe. Dans le diabète glycosurique, il y a également diminution de l'acide urique; toutefois, dans la forme décrite par *Bouchardat*, sous le nom de *diabète glyco-polyurique*, l'excrétion de l'acide urique subit au contraire une augmentation considérable (jusqu'à 3 gr. par jour), pendant que le sucre diminue ou disparaît temporairement. Parmi les affections qui s'accompagnent d'une diminution de l'acide urique, nous signalerons encore l'anémie et la chlorose, la néphrite interstitielle, l'atrophie musculaire progressive, la scarlatine grave.

L'action des médicaments sur l'excrétion de l'acide urique n'est encore que peu connue; on sait seulement d'une manière positive que cette excrétion est diminuée par le sulfate de quinine et surtout par les bicarbonates et carbonates alcalins; suivant *Marrot*, le salicylate de sodium produirait un effet analogue, tandis que, d'après *Lécorché* et *Talamon*, ce médicament donnerait au contraire lieu à augmentation.

Acide oxalurique. — Allantoïne.

42. — Ces *dérivés de l'acide urique*, dont la présence a été signalée dans l'urine normale, n'offrent au point de vue clinique qu'une faible importance; nous n'en dirons donc que quelques mots.

43. **Acide oxalurique.** — L'acide oxalurique, $C^3H^4Az^2O^4$, qui, suivant *Schunk* et *Neubauer*, existe en petites proportions dans l'urine à l'état de sel ammoniacal, se présente sous forme d'une poudre cristalline blanche, à saveur acide et très peu soluble dans l'eau. L'oxalurate d'ammonium se dissout au contraire facilement dans l'eau et forme des cristaux prismatiques allongés, terminés en pointe, qui se réunissent en touffes doubles ou en rosettes.

44. **Allantoïne.** — L'allantoïne, $C^4H^6Az^4O^3$, se rencontre

Fig. 22. — Allantoïne.

dans l'eau de l'amnios et dans l'urine des enfants nouveau-nés pendant les huit premiers jours après la nais-

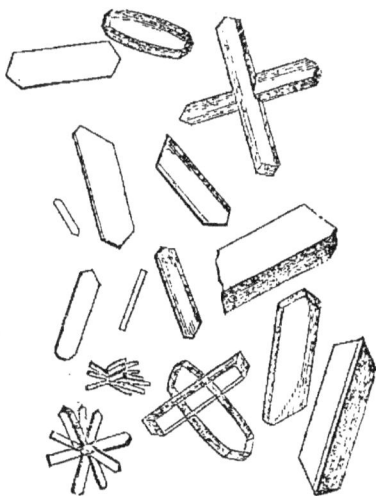

sance; l'urine des femmes enceintes et même celle de l'homme en renferment également.

L'allantoïne cristallise en prismes rhomboïdaux, transparents et incolores (fig. 22), solubles dans 160 parties d'eau froide, plus solubles dans l'eau et l'alcool bouillants, insolubles dans l'alcool froid et l'éther.

Acides hippurique, succinique et benzoïque.

45. **Acide hippurique**. — L'*acide hippurique*, $C^9H^9AzO^3$, est solide, incolore, inodore et d'une saveur légèrement amère. Il cristallise en prismes rhomboédriques à quatre faces, modifiées par des facettes latérales sur les arêtes, et parfois en aiguilles (fig. 23). Il se dissout dans 600 parties d'eau froide et dans beaucoup moins d'eau bouillante. L'alcool le dissout facilement, l'éther plus difficilement; les solutions rougissent fortement le tournesol.

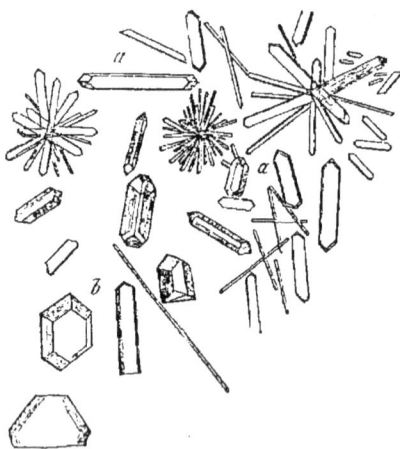

Fig. 23. — Acide hippurique.

L'acide hippurique, chauffé faiblement dans un tube de verre, fond en un liquide huileux, qui se solidifie par le refroidissement; à une plus forte chaleur, la masse fondue devient rouge, puis donne un sublimé d'acide benzoïque, et en même temps il se dégage d'abord une odeur agréable de foin et ensuite une odeur d'acide cyanhydrique. Quand on l'évapore avec de l'acide azotique concentré, il répand l'odeur de la nitrobenzine; il partage cette réaction avec l'acide benzoïque, dont il se distingue par sa plus difficile solubilité dans l'éther

Si l'on fait bouillir l'acide hippurique avec des acides minéraux concentrés, ou bien si on le chauffe pendant longtemps avec de l'eau à 170-180°, il se dédouble en *acide benzoïque* et *glycocolle*. Il éprouve la même décomposition sous l'influence du *Micrococcus urex* dans la fermentation alcaline de l'urine ; c'est pour cela qu'on ne le rencontre pas dans l'urine putréfiée, où il est remplacé par l'acide benzoïque, un des produits de son dédoublement.

46. *Extraction*. — On procède de la manière suivante sur un litre d'urine ou la quantité émise en vingt-quatre heures. Si l'urine est acide, on la rend alcaline avec du carbonate de sodium, on filtre, on évapore presque à sec le liquide filtré et on épuise à plusieurs reprises le résidu par de l'alcool froid. De la solution on sépare complètement l'alcool par distillation, on acidifie avec de l'acide chlorhydrique le résidu aqueux et on l'agite plusieurs fois (au moins 5) avec de l'éther acétique. On lave l'éther acétique en l'agitant avec de l'eau, puis on l'évapore à une température modérée ; l'acide hippurique reste alors, avec l'acide benzoïque et la matière grasse, s'ils se trouvaient dans l'urine. Pour éliminer ces corps, on traite le résidu par l'éther de pétrole, qui les dissout et laisse l'acide hippurique. On dissout ensuite ce dernier dans un peu d'eau chaude, on fait digérer la solution avec un peu de charbon animal et on évapore à cristallisation à une température ne dépassant pas 50 à 60°.

47. *Recherche*. — On soumet à l'examen microscopique les cristaux obtenus comme il vient d'être dit (voy. fig. 23), et comme contrôle, on effectue les réactions indiquées plus haut : chauffage dans un tube de verre, traitement par

l'acide azotique (voy. § 45). Si l'on veut effectuer un *dosage*, on dessèche l'acide cristallisé et on le pèse.

48. *Variations.* — L'acide hippurique, qui se rencontre principalement dans l'urine des herbivores, n'existe qu'en très faible proportion dans l'urine normale de l'homme; sa quantité varie, en effet, de 0,30 à 0,50 gr. par vingt-quatre heures. Il augmente avec une nourriture purement végétale, et notamment à la suite de l'usage des prunes, des mûres, des baies de myrtille, ainsi qu'après l'inges-tion d'acide benzoïque, d'acide cinnamique, d'essence d'amandes amères; dans plusieurs maladies, notamment dans la fièvre intense, le diabète, la chorée, l'acide hippurique subit aussi une augmentation notable et peut même, dans ces différents cas, former des sédiments (voy. § 174).

49. **Acide succinique.** — Cet acide a été trouvé dans l'urine normale par *Meissner* et *Shépard;* sa quantité aug-mente à la suite de l'ingestion d'acide benzoïque.

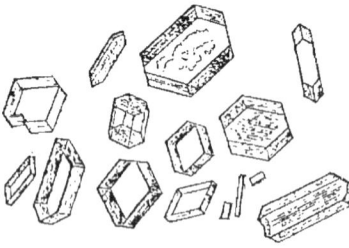

Fig. 24. — Acide succinique.

L'acide succinique, $C^4H^6O^4$, cristallise en prismes à quatre pans ou en lamelles hexago-nales (fig. 24); il est inodore et incolore, il fond à 180° et su-blime à une température plus élevée; il est soluble dans 24 parties d'eau froide, dans beau-coup moins d'eau bouillante; il se dissout également dans l'alcool chaud, mais très peu dans l'éther; cependant l'éther agité avec sa solution aqueuse enlève à celle-ci l'acide succinique. Il donne avec les alcalis des combinai-sons facilement solubles.

50. *Extraction.* — On précipite l'urine par la baryte, on élimine la baryte en excès par l'acide sulfurique et on

évapore. On acidifie ensuite fortement la solution concentrée par l'acide sulfurique et on agite plusieurs fois
avec de l'éther. On élimine l'éther par distillation, puis
on étend le résidu avec de l'eau, on chauffe à l'ébullition
et pendant ce temps on ajoute goutte à goutte de l'acide
azotique pur, jusqu'à ce que le liquide n'offre plus qu'une
coloration jaune. Après concentration de la liqueur, l'acide
succinique se sépare à l'état cristallin.

51. *Recherche.* — On reconnaît que le corps ainsi obtenu est de l'acide succinique à la forme de ses cristaux
(fig. 24) ou à l'aide des réactions suivantes : Si dans un
tube de verre on chauffe un échantillon des cristaux, il
doit se sublimer des vapeurs blanches, qui excitent la
toux. Sa solution ou celle de sa combinaison avec la potasse
ou la soude doit donner un précipité blanc dans un mélange limpide d'alcool, de chlorure de baryum et d'ammoniaque.

52. Acide benzoïque. — On rencontre quelquefois l'acide
benzoïque à côté de l'acide hippurique dans l'urine normale, il s'y trouve en grande
quantité à la suite de l'ingestion d'acide benzoïque ou de
substances qui dans l'organisme se transforment en cet
acide (toluène, acide cinnamique, acide quinique, etc.).
Dans l'urine putréfiée, l'acide
benzoïque remplace l'acide
hippurique (voy. § 45).

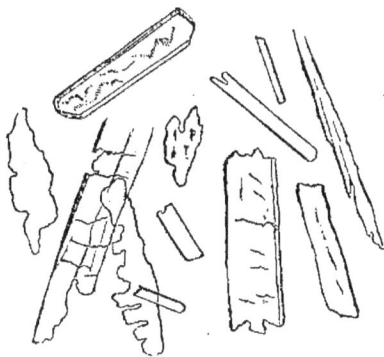

L'acide benzoïque subli-

Fig. 25. — Acide benzoïque.

mé, $C^7H^6O^2$, cristallise en fines aiguilles ou lamelles brillantes et incolores ; les cristaux obtenus par voie humide
(fig. 25) sont moins nets que ceux produits par sublimation.

L'acide benzoïque sublime à 240° sans se décomposer ; ses vapeurs excitent la toux. Il se dissout difficilement dans l'eau froide, plus facilement dans l'eau bouillante ; l'alcool, l'éther, l'éther acétique, l'éther de pétrole le dissolvent avec facilité. Les solutions rougissent le tournesol. L'acide benzoïque donne avec les alcalis des sels solubles dans l'eau et dans l'alcool.

53. *Extraction et recherche*. — On isole l'acide benzoïque de l'urine en suivant la méthode indiquée pour l'acide hippurique ; on l'obtient alors seul ou à côté de ce dernier, et on le sépare de l'acide hippurique par l'éther de pétrole, qui dissout l'acide benzoïque, mais non l'acide hippurique. Par évaporation de l'éther de pétrole, on obtient l'acide benzoïque à l'état cristallisé.

Les cristaux ainsi obtenus offrent les caractères indiqués plus haut ; en outre, chauffés dans un tube de verre, ils subliment sans se décomposer (distinction d'avec l'acide hippurique), et la solution de leur combinaison avec un alcali, versée dans un mélange limpide d'alcool, de chlorure de baryum et d'ammoniaque, ne donne pas de précipité (distinction d'avec l'acide succinique).

Acide oxalique (oxalate de calcium).

54. — Cet acide se rencontre fréquemment, mais seulement en petite quantité, dans l'urine normale (depuis des traces jusqu'à 2 gr.' en vingt-quatre heures, suivant *Fürbringer*). Il s'y trouve sous forme d'*oxalate de calcium*.

55. **Propriétés.** — L'*acide oxalique*, $C^2H^2O^4 + 2H^2O$, cristallise en prismes rhomboïdaux incolores, solubles dans l'eau et dans l'alcool. L'*oxalate de calcium* (fig. 26) se présente sous forme de petits octaèdres carrés, brillants, comp

plètement transparents, réfractant fortement la lumière, à angles très nets et offrant une grande analogie avec des enveloppes de lettres; en outre, ils présentent quelquefois la forme de losanges, où de prismes triangulaires terminés par des pyramides; enfin, on en rencontre parfois qui affectent une forme rappelant celle d'un haltère ou d'un sablier (*dumb-bells*). Il est insoluble dans l'eau, très peu soluble dans l'acide acétique et les autres acides organiques, mais facilement soluble dans les acides chlorhydrique et azotique; il se dissout dans le phos-

Fig. 26. — Oxalate de calcium.

phate acide de sodium, ce qui explique comment il peut se trouver en solution dans l'urine.

56. **Recherche.** — On mélange 400-600 c. c. de l'urine à essayer avec une solution de chlorure de calcium, on sursature par l'ammoniaque et l'on redissout dans l'acide acétique le précipité qui s'est formé, en évitant un excès d'acide. Au bout de vingt-quatre heures, il s'est produit un nouveau précipité, dans lequel se trouve l'oxalate de calcium avec de l'acide urique; on recueille ce précipité sur un petit filtre et, après lavage avec de l'eau, on le traite par quelques gouttes d'acide chlorhydrique chaud, qui dissout l'oxalate de calcium et laisse l'acide urique. On recueille le liquide filtré dans un petit tube à essais, puis on l'étend avec 15 c. c. d'eau et, à l'aide d'une pipette, on verse par-dessus goutte à goutte de l'ammoniaque très diluée; au bout de quelques heures, l'oxalate de calcium se dépose en cristaux, dont on reconnaît la forme à l'aide du microscope (fig. 26).

4

57. **Dosage.** — On recueille sur un petit filtre les cristaux obtenus comme il vient d'être dit, et on les lave à
l'eau chaude ; après avoir desséché le filtre, on sépare les
cristaux du filtre, on incinère ce dernier dans une capsule de
platine tarée, puis on y ajoute les cristaux et on les calcine
avec la cendre du filtre. Ainsi traité, l'oxalate de calcium
se transforme en carbonate de calcium ; pour faire repas-
ser à l'état de carbonate la portion qui a pu se changer en
chaux caustique, on arrose le résidu refroidi avec du carbonate d'ammonium, on évapore lentement à sec, puis
on chauffe au rouge sombre et on recommence encore une
fois le même traitement. Il ne reste plus maintenant qu'à
peser le résidu de carbonate de calcium, dont 100 parties
correspondent à 135 d'oxalate de calcium cristallisé.

58. **Variations.** — La quantité de l'oxalate de calcium
augmente après l'ingestion d'aliments (oseille, tomates,
chicorée, céleri, choux de Bruxelles, asperges, etc.) ou de
médicaments (rhubarbe, saponaire, gingembre, etc.) qui
contiennent de l'acide oxalique, ainsi qu'à la suite des empoisonnements par cet acide ou le sel d'oseille (bioxalate
de potassium). Dans ces cas (*oxalurie physiologique*), l'urine
laisse souvent déposer des cristaux d'oxalate de calcium,
et l'on peut aussi observer le même phénomène lorsque,
l'urine ne renfermant que de petites quantités d'oxalate de
calcium, son acidité est insuffisante pour maintenir en solution tout l'oxalate éliminé par les reins. On trouve également une augmentation de la quantité de l'oxalate de calcium (*oxalurie accidentelle* ou *symptomatique*) dans les
troubles des organes digestifs, dans les affections nerveuses
qui exercent une action fâcheuse sur ces organes, ainsi que
dans les cas où la respiration et l'hématose ne s'effectuent
qu'imparfaitement. Le diabète glycosurique peut être
accompagné d'une excrétion exagérée d'acide oxalique, et

l'on a quelquefois observé que lorsque le sucre venait à diminuer il était éliminé une plus grande quantité d'acide oxalique et inversement; cette combinaison du diabète avec l'oxalurie n'a d'ailleurs été observée que rarement. Enfin, au lieu d'être accidentelle ou symptomatique, l'excrétion de l'acide oxalique peut persister pendant un temps très-long; elle constitue alors une maladie essentielle, désignée sous le nom de *diathèse oxalique* (*oxalurie idiopathique*). Dans tous ces cas, l'urine donne lieu à des dépôts plus ou moins abondants, dans lesquels il est facile de reconnaître la présence de l'oxalate de calcium, et souvent aussi, surtout dans la diathèse oxalique, on voit se former des calculs dans les reins ou la vessie. (Voy. §§ 177 et 201.)

Phénols : acide phénique, paracrésol, pyrocatéchine. Hydroquinone.

59. — On a signalé dans l'urine normale la présence de plusieurs phénols : le phénol proprement dit ou *acide phénique*, le *paracrésol* et la *pyrocatéchine* ou acide oxyphénique, qui s'y trouvent tous les trois en majeure partie sous forme d'acides sulfoconjugués combinés à la potasse.

60. **Paracrésol et acide phénique**. — Le *paracrésol*, dont *Städeler* avait indiqué la présence dans l'urine de la vache, sous le nom d'*acide taurylique*, est en proportion beaucoup plus grande que l'*acide phénique;* d'ailleurs la quantité de ces deux corps n'est jamais bien considérable à l'état normal : elle varie entre 0,017 et 0,051 gr. en vingt-quatre heures avec une nourriture mixte, dans laquelle prédominent les substances animales, et elle serait un peu plus grande avec une alimentation végétale.

La proportion de l'acide phénique augmente notablement

à la suite de l'usage interne ou externe de cet acide. Dans ce cas, l'urine présente, soit immédiatement après son émission, soit au bout de quelque temps seulement, une coloration brun verdâtre, qui, au contact de l'air, finit par passer au brun noir. Ce phénomène est dû à la formation d'*hydroquinone*, aux dépens de l'acide phénique, laquelle en absorbant de l'oxygène donne naissance à des combinaisons de couleur brune.

61. *Recherche*. — Pour *rechercher l'acide phénique* dans l'urine, on mélange 200 c. c. de ce liquide avec 40 c. c. d'acide chlorhydrique et on distille jusqu'à réduction à 150 c. c. environ. Si maintenant on ajoute au liquide distillé, préalablement filtré, un peu d'eau de brome, il se trouble ou donne naissance à un précipité floconneux blanc jaunâtre, devenant peu à peu cristallin et dégageant l'odeur de l'acide phénique au contact de l'amalgame de sodium. En outre, ce même liquide est coloré en violet par le perchlorure de fer neutre et en rouge (à chaud) par le réactif de Millon, et si on le mélange avec de l'aniline et de l'hypochlorite de sodium, on obtient une coloration bleue, que les acides font passer au rouge et que les alcalis ramènent au bleu.

62. **Pyrocatéchine**. — La *pyrocatéchine* (retirée de l'urine par *Bödeker*, à l'état impur, sous le nom d'*alcaptone*) se rencontre surtout à la suite de l'usage d'acide phénique et de benzol. L'urine qui renferme de la pyrocatéchine, abandonnée à elle-même au contact de l'air, se colore peu à peu en brun noir, par suite de la formation d'hydroquinone, absolument comme cela a lieu pour l'urine contenant de l'acide phénique, et ce phénomène se produirait également après l'administration de la résorcine, de la naphtaline, de l'aniline, de l'acide salicylique, de l'arbutine.

. **63. Hydroquinone.** — L'*hydroquinone* ne se rencontre pas dans l'urine normale, mais seulement à la suite de l'usage de l'acide phénique et du benzol, ou de l'administration de ce corps lui-même. Les urines contenant de l'hydroquinone, abandonnées au contact de l'air, prennent rapidement une coloration foncée, lorsqu'elles ont une réaction alcaline.

Acide sulfocyanhydrique.

64. — Suivant *Gscheidlen*, *Külz* et *Munk*, l'*acide sulfocyanhydrique*, CAzSH, doit être considéré comme un élément de l'urine normale, qui renfermerait environ 0,035 gr. de sulfocyanure de potassium par litre.

65. Recherche. — On commence par ajouter à une solution de perchlorure de fer, acidifiée avec quelques gouttes d'acide chlorhydrique, une quantité d'eau suffisante pour que, vue sous une couche de même épaisseur que l'urine à essayer, elle offre la couleur de celle-ci. Cela fait, on dépose sur une plaque de porcelaine une goutte d'urine, puis on fait tomber au centre de cette goutte une goutte de la solution de fer. Si l'urine renferme de l'acide sulfocyanhydrique, il se produit au bout de quelque temps un anneau rougeâtre, que la dessication rend plus apparent. (*Külz.*)

Matières colorantes de l'urine.

66. — On ne sait pas encore d'une manière positive quel est le pigment auquel est due la couleur de l'urine ; il est très probable qu'elle doit être attribuée à plusieurs corps, qui à l'état normal n'existeraient pas, ou seulement en très petite quantité, tout formés dans l'urine et

4.

qui prendraient naissance par suite de l'oxydation de principes chromogènes.

67. **Urobiline**. — Découverte par *Jaffé* et obtenue par *Maly*, sous le nom d'*hydrobilirubine*, par l'action de l'amalgame de sodium sur la bilirubine, l'*urobiline* n'existe que rarement toute formée dans l'urine normale fraîchement émise, mais elle se produit lorsqu'on ajoute à ce liquide un acide minéral et qu'on l'abandonne au contact de l'air. L'urine renferme donc un principe chromogène qui fournit de l'urobiline.

L'urobiline est, comme le pigment biliaire, un dérivé de la matière colorante du sang. On la rencontre toute formée en quantité anormale dans toutes les affections fébriles aiguës et à la suite des hémorrhagies (hémorrhagies cérébrale et pulmonaire, hématocèle rétro-utérine, hémorrhagies traumatiques, grossesse extra-utérine, etc.). Mais elle est surtout abondante dans certaines maladies du foie (notamment dans la cirrhose) et les états pathologiques qui entraînent une décomposition exagérée des globules sanguins et sont accompagnés d'ictère (ictère hématogène ou hémaphéique), comme le typhus et les fièvres septiques. Dans ces cas, les urines offrent une coloration rougeâtre ou acajou, qui leur donne une certaine ressemblance avec les urines ictériques de l'ictère par résorption ou hépatogène; mais ces urines (*urines hémaphéiques* de *Gubler*, *urines hépatiques rouges* de *Méhu*), qui peuvent aussi renfermer de l'albumine, sont cependant faciles à distinguer des dernières, car elles ne donnent pas la réaction des pigments biliaires, auxquels l'urine ictérique doit sa coloration. (Voy. §§ 144-147.)

68. *Propriétés*. — L'*urobiline*, $C^{32}H^{40}Az^4O^7$, est une substance amorphe, d'un brun rougeâtre, peu soluble dans l'eau (en rougeâtre), facilement soluble dans l'alcool et le

chloroforme, moins facilement dans l'éther ; les solutions concentrées sont brunes et passent au rouge jaunâtre, puis au rose lorsqu'on les étend. Les solutions neutres de l'urobiline pure présentent une magnifique fluorescence verte, qui est détruite par un acide, mais qui reparaît après neutralisation de ce dernier. Soumises à l'examen spectroscopique, les solutions aqueuses ou alcooliques de l'urobiline donnent une raie d'absorption entre les lignes b et F de Frauenhofer.

69. *Recherche.* — Une urine contenant de l'urobiline offre une coloration rouge, rouge jaunâtre ou acajou, suivant la proportion de cette substance ; la teinte s'éclaircit et finit par passer au vert lorsqu'on y ajoute de l'ammoniaque (étendue ou non avec de l'eau), mais devient au contraire plus foncée (brun rouge, acajou vieilli) par l'action de l'acide azotique et passe au rouge violacé ou au bleu au contact de l'acide chlorhydrique ou sulfurique. Si l'on examine une pareille urine au spectroscope (voy. § 128), on observe entre les lignes b et F la raie d'absorption de l'urobiline ; cette réaction caractéristique est aussi donnée par une urine très pâle que l'on a exposée pendant quelque temps au contact de l'air. Enfin, si on agite l'urine (100 c. c.) avec la moitié de son volume d'éther (exempt d'alcool), si ensuite on décante ce dernier et si on l'évapore, on obtient un résidu qui, dissous dans un peu d'alcool absolu, donne une solution offrant une coloration rose rouge et une fluorescence verte intense.

70. **Urochrome et uroérythrine.** — L'urochrome, isolé par *Thudicum*, est un produit beaucoup moins bien défini que l'urobiline. C'est une substance jaune en partie soluble dans l'eau avec une couleur jaune pur, difficilement soluble dans l'alcool, plus facilement dans l'éther. En

s'oxydant au contact de l'air, l'urochrome donne naissance à un corps rouge, qui ne serait autre chose que le pigment auquel *Heller* a donné le nom d'*uroérythrine.* L'uroérythrine se rencontre, à côté de l'urobiline, dans les sédiments rouges d'acide urique et d'urates; la coloration jaune rouge ou rouge jaune vif de l'urine que l'on observe dans certaines maladies (rhumatisme, affections du foie, etc.) est produite par l'uroérythrine.

71. Indican, uroglaucine et urrhodine. — L'*indican* (*Schunck*) ou *uroxanthine* (*Heller*) se rencontre toujours dans l'urine normale, mais seulement en très faible quantité (5 à 20 milligr. en 24 heures). Sa proportion est notablement augmentée (5 à 10 et même 15 centigr.) dans certaines affections : obstructions de l'intestin grêle, péritonite diffuse, choléra, carcinomes du foie et de l'estomac, etc. Les urines qui contiennent beaucoup d'indican renferment en même temps beaucoup d'acide phénique.

Sous l'influence des acides et des agents oxydants, l'indican donne naissance à deux pigments, l'un bleu, l'*uroglaucine* ou *indigotine*, l'autre rouge, l'*urrhodine* ou *indirubine*. Ce même dédoublement se produit aussi lorsqu'une urine contenant de l'indican entre en putréfaction et, si le principe chromogène est en quantité notable, le liquide prend une coloration bleu violacé lorsqu'on l'agite au contact de l'air ; dans ce cas, on observe souvent à la surface de l'urine une pellicule bleue, à reflet métallique rouge, composée de fines aiguilles disposées en étoiles, qui fréquemment se précipitent au fond du liquide et forment un sédiment. Dans des cas rares, la transformation de l'indican a lieu dans les voies urinaires elles-mêmes et l'urine est émise avec une couleur bleue. L'uroglaucine et l'urrhodine ont été également rencon-

trées dans des sédiments (voy. § 186) et des calculs urinaires.

Pour *rechercher l'indican*, on ajoute, à 10 ou 15 c. c.
d'urine contenus dans un tube à essais, un égal volume
d'acide chlorhydrique concentré, puis 4 ou 5 c. c. de chloroforme et enfin goutte à goutte du chlorure de chaux en
solution concentrée, en ayant soin, après l'addition de
chaque goutte, de retourner le tube, afin de bien mélanger les liquides. Si l'urine essayée renferme de l'indican, celui-ci est transformé par ce traitement en uroglaucine, qui se dissout dans le chloroforme en lui com-
muniquant une teinte bleue. Il faut éviter d'employer un
trop grand excès de chlorure de chaux qui détruirait l'uroglaucine ; on reconnaît du reste que l'on a ajouté assez
de ce réactif lorsque la coloration bleue n'augmente plus.
On peut employer à la place du chlorure de chaux une
solution de permanganate de potassium à 0,5 p. 100.
Lorsque l'urine contient de l'albumine, il faut éliminer
celle-ci avant l'essai.

72. *Uroglaucine.* — L'uroglaucine, qui ressemble par sa
composition et ses propriétés à l'indigotine végétale, se
présente sous forme d'une poudre amorphe ou de cristaux
microscopiques ; elle est insoluble dans l'eau, peu soluble
dans l'alcool concentré et l'éther bouillants, plus facilement soluble dans le chloroforme froid. Pour séparer
l'uroglaucine de l'urine, on filtre ce liquide, puis on enlève
la matière bleue restée sur le filtre en lavant ce dernier
avec de l'alcool concentré bouillant. On obtient ainsi une
solution violacée ; on évapore celle-ci, on lave le résidu
à l'eau froide, puis on le redissout dans l'acool bouillant ;
enfin, en évaporant la solution avec précaution, l'uroglaucine se sépare en cristaux prismatiques bleus. Pour
extraire l'uroglaucine des sédiments, on lave ceux-ci sur

un filtre d'abord avec de l'acide chlorhydrique, puis avec de l'eau, et on épuise avec du chloroforme le filtre desséché.

73. *Urrhodine.* — L'*urrhodine* est une substance brune, amorphe, insoluble dans l'eau, mais soluble dans l'alcool, l'éther et le chloroforme ; ses solutions sont rouges. Pour isoler l'urrhodine de l'urine, on acidifie un peu celle-ci avec de l'acide chlorhydrique ou acétique, on filtre et on agite avec du chloroforme ou de l'éther. On évapore ensuite le dissolvant, et l'urrhodine reste. Ce pigment peut être facilement enlevé aux sédiments par l'alcool froid ou l'éther.

Mucine.

74. — La *mucine* existe en petite quantité dans l'urine normale : 0,5 à 1,0 gr. par litre, suivant *Meissner*. Sa proportion est augmentée lorsque la sécrétion des membranes muqueuses des voies urinaires devient plus considérable et que, par suite, l'urine renferme une quantité anormale de mucus, dont la mucine est l'élément caractéristique. (Voy. § 191.)

75. **Propriétés.** — La mucine est une substance albuminoïde. Fraîchement précipitée, elle se présente sous forme de flocons blancs, qui sont fortement gonflés par l'eau, avec laquelle ils donnent une solution trouble très difficile à filtrer. Lorsqu'elle a été desséchée par la chaleur, elle forme une masse gélatineuse, qui est à peine gonflée par l'eau. La mucine est insoluble dans l'alcool et dans l'éther, dans les acides organiques et dans les acides minéraux très étendus, mais elle se dissout dans les acides minéraux concentrés. Les solutions des sels neutres, de l'acétate de potassium notamment, dissolvent

beaucoup plus de mucine que l'eau pure, et en ajoutant de l'eau à la solution, une partie de la mucine se précipite.

76. **Recherche.** — Les urines qui renferment des quantités de mucine un peu grandes se troublent lorsqu'on y ajoute de l'acide acétique en excès ; le liquide ainsi traité passe trouble à travers le filtre, et ce n'est que rarement, qu'après un long repos, même avec des urines très troubles, qu'il se sépare un précipité floconneux. Le trouble ou le précipité disparaissent si l'on ajoute immédiatement après leur formation de l'acide chlorhydrique concentré, mais sa disparition est incomplète si l'addition de ce dernier acide a lieu longtemps après la formation du précipité. Il peut arriver que la présence des sels contenus dans l'urine empêche la séparation de la mucine ; dans ce cas, il suffit d'étendre fortement le liquide avant de l'essayer (voy. § 75).

Lorsque l'urine est albumineuse, on l'acidifie légèrement avec de l'acide acétique, puis on y ajoute 3 ou 4 volumes d'alcool concentré ; après avoir laissé séjourner pendant longtemps le précipité d'albumine sous l'alcool, on le met en digestion avec de l'eau tiède et on mélange le liquide filtré avec un grand excès d'acide acétique.

Leucomaïnes et ptomaïnes.

77. — D'après les recherches de *G. Pouchet* et de *A. Gautier*, l'urine contient toujours des *leucomaïnes* ou *alcaloïdes physiologiques*, dont la quantité, très faible à l'état normal, subit une augmentation considérable dans certaines maladies infectieuses, notamment dans la fièvre

typhoïde (*Bouchard*), et dans quelques affections nerveuses
apyrétiques (*G. Pouchet*) [1].

Suivant *A. Robin*, l'urine des typhiques renfermerait
des *ptomaïnes* ou *alcaloïdes bactériens*, provenant soit
d'une anomalie fonctionnelle des tissus, soit d'une per-
version de la désintégration, ou de la fermentation bactérienne.

Dosage de l'azote total des corps azotés de l'urine.

78. Principe de la méthode. — Ce dosage est basé sur le
principe suivant : Tous les corps azotés de l'urine, calcinés
avec de la chaux sodée, dégagent leur azote sous forme
d'ammoniaque. Il suffit donc de recueillir celle-ci et de la
doser pour connaître la quantité totale de l'azote contenu
dans tous ces corps.

L'ammoniaque dégagée est recueillie dans un volume
exactement mesuré de solution titrée d'acide sulfurique,
dont une certaine quantité est ainsi neutralisée. Pour déterminer cette quantité, et par suite la proportion correspondante d'ammoniaque, on neutralise par une solution
de soude titrée l'acide resté libre, et la différence représente le volume d'acide saturé par l'ammoniaque.

79. Solutions titrées. — La *solution titrée d'acide sulfurique* contient par litre 61,25 gr. d'acide monohydraté, de
façon que 10 c. c. (renfermant par conséquent 0,6125 gr.
d'acide) correspondent à 0,2125 gr. d'ammoniaque ou
à 0,175 gr. d'azote.

La *solution de soude caustique* qui sert pour la neutralisation de l'acide non saturé doit être assez étendue. On

---

[1] Voy. Arm. Gautier, *Sur les alcaloïdes dérivés de la destruction
bactérienne ou physiologique des tissus animaux, ptomaïnes et leucomaïnes.* Paris, 1886.

détermine préalablement combien il faut en employer pour la saturation de 10 c. c. de l'acide sulfurique titré; à cet effet, on mesure exactement, à l'aide d'une pipette, ce volume de solution acide, puis on y ajoute un peu de teinture de tournesol, de façon que le liquide prenne une coloration rouge faible; on verse alors goutte à goutte et en agitant la solution de soude contenue dans une burette, jusqu'à ce que la dernière goutte fasse passer au bleu clair la couleur rouge de l'acide, et on note le nombre de centimètres cubes employés : soit 22,5 c. c. Ces 22,5 c. c. de soude correspondent donc à 10 c. c. de l'acide titré ou à 0,175 gr. d'azote.

80. **Pratique de l'analyse**. — Dans une petite capsule en verre ou en porcelaine on mélange 5 c. c. d'urine avec 5 c. c. d'une solution saturée d'acide oxalique, puis on ajoute de la poudre de plâtre récemment cuit en quantité suffisante pour absorber tout le liquide, et enfin on expose le tout dans une étuve chauffée à 100°, jusqu'à évaporation complète de l'eau. Après avoir mélangé la masse sèche ainsi obtenue, avec deux fois environ son poids de chaux sodée calcinée, on la fait tomber avec précaution dans le ballon a (fig. 27), puis on verse par-dessus le mélange de la chaux sodée pure de façon à remplir le vase à moitié. On ferme ensuite le ballon avec un bouchon en caoutchouc traversé par les deux tubes e et d, et on chauffe à une température élevée. L'ammoniaque se dégage par le tube e et vient se condenser dans l'appareil à boules f, contenant 10 c. c. d'acide sulfurique titré.

Le ballon est chauffé au rouge dans le bain de sable b, pendant une demi-heure, à l'aide d'une lampe à gaz; son col est entouré d'un manchon métallique c, afin d'éviter la condensation de la vapeur d'eau. Lorsque le dégagement gazeux a complètement cessé, on casse la pointe du tube *d* et, à l'aide d'un tube en caoutchouc adapté à la pointe de *f*, on aspire l'air à travers l'appareil, afin de faire passer les dernières traces d'ammoniaque dans l'acide sulfurique.

Cela fait, on enlève *f*, on verse son contenu dans un

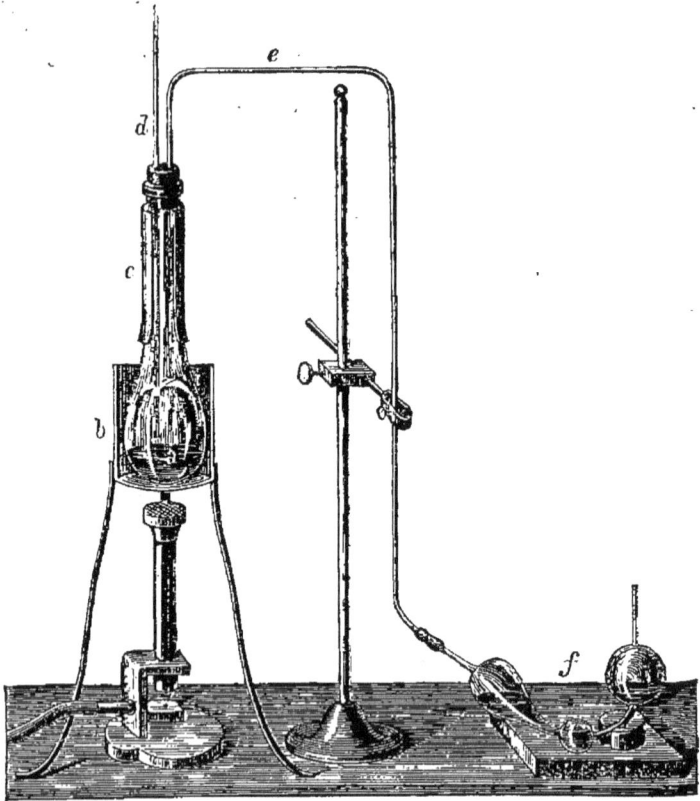

Fig. 27. — Appareil pour le dosage de l'azote.

petit vase à précipité, on le lave bien avec de l'eau et l'on détermine, en procédant comme il a été dit plus haut (§ 79), à l'aide de la solution de soude, le volume d'acide sulfurique non saturé par l'ammoniaque.

Exemple du calcul de l'analyse. — Si 10 c. c. d'acide sulfurique titré exigent, comme nous l'avons supposé précédemment, pour leur saturation 22,5 c. c. de solution de soude et si, après l'opération, ils n'en exigent plus, par exemple, que 9,8, l'ammoniaque dégagée a neutralisé un volume d'acide correspondant $22,5 - 9,8 = 12,7$ c. c. de soude; comme maintenant 22,5 c. c. de soude correspondent à 0,175 gr. d'azote, il suffit, pour savoir à combien correspondent 12,7 c. c., de poser la proportion suivante :

$$22,5 : 0,175 = 12, 7 : x,$$

d'où

$$x = \frac{0,175 \times 12,7}{22,5} = 0,0988.$$

Les 5 c. c. d'urine soumis à l'essai contiennent donc 0,0988 gr. d'azote, ce qui fait par litre $0,0988 \times 200 = 19,76$ gr.

II. — ÉLÉMENTS MINÉRAUX.

Chlorures de sodium, de potassium, etc.

81. — Le *chlorure de sodium* est, après l'urée, l'élément le plus abondant de l'urine; il forme à lui seul presque les deux tiers du poids des substances minérales (voy. § 19), et à l'état normal sa quantité varie en moyenne par vingt-quatre heures entre 10 et 12 gr. Les *chlorures de potassium, de calcium* et *de magnésium* n'existent dans l'urine qu'en très faibles proportions.

82. **Propriétés du chlorure de sodium.** — Le chlorure de sodium, NaCl, est un sel incolore, inodore, facilement soluble dans l'eau, peu soluble dans l'alcool. Lorsqu'on évapore une goutte de solution saturée de chlorure de sodium sur le porte-objet du microscope, le sel se sépare sous forme de cristaux cubiques; l'urine, traitée de la même manière, dépose des octaèdres et des tétraèdres. Les solutions de chlorure de sodium (de même que celles des chlorures de

potassium, de calcium et de magnésium) donnent avec l'azotate d'argent un précipité blanc, caillebotté, insoluble dans l'acide azotique, mais soluble dans l'ammoniaque, et noircissant à la lumière.

83. **Recherche des chlorures.** — On ajoute à l'urine de l'acide azotique jusqu'à réaction fortement acide, puis on y verse quelques gouttes de solution d'azotate d'argent: il doit se former un précipité blanc de chlorure d'argent offrant les caractères indiqués plus haut.

On reconnaît le *chlorure de sodium* aux cristaux cubiques ou octaédriques qui se forment dans l'urine évaporée à consistance sirupeuse; en outre, ces cristaux communiquent à la flamme de l'alcool la coloration jaune caractéristique de la soude (voy. § 99).

84. **Dosage du chlorure de sodium**. — Ce dosage peut être effectué avec une exactitude suffisante par l'une des deux méthodes suivantes :

a. Méthode de Mohr. — Cette méthode repose sur les réactions suivantes : les chlorures donnent un précipité blanc avec l'azotate d'argent; le chromate de potassium donne avec ce même réactif un précipité rouge, et l'azotate d'argent, versé graduellement dans un mélange de chlorure et de chromate, ne précipite ce dernier que lorsque tout le chlorure est précipité; à ce moment, la couleur du précipité devient rose.

Pour doser le chlorure de sodium d'après cette méthode, on a besoin :

1° D'une *solution titrée d'azotate d'argent* contenant par litre 29,075 gr. de ce sel chimiquement pur; 1 c. c. de la solution correspond à 1 centigr. de chlorure de sodium; 2° d'une *solution* saturée à froid *de chromate neutre de potassium*, complètement débarrassé de chlore par cristallisations répétées.

Les solutions étant ainsi préparées, on procède comme il suit : Dans une petite capsule ou un petit creuset en platine, on mesure exactement 5 ou 10 c. c. d'urine, puis on y ajoute 1 gr. de carbonate de sodium exempt de chlore et 1 à 2 gr. d'azotate de potassium également exempt de chlore, on évapore à sec à 100°, on chauffe ensuite à feu nu, d'abord doucement et ensuite fortement, jusqu'à ce que la masse fondue soit devenue blanche. On dissout ensuite celle-ci dans l'eau, on verse la solution dans un petit ballon et on lave avec soin la capsule avec de l'eau, que l'on ajoute à la solution. Après avoir incliné un peu le ballon, on fait tomber goutte à goutte dans la liqueur alcaline de l'acide azotique dilué, jusqu'à réaction acide légère, et on neutralise de nouveau avec du carbonate de sodium exempt de chlore. Afin d'entraîner les gouttelettes liquides qui ont été projetées dans le col du ballon, on lave celui-là à l'aide de la fiole à jet ; cela fait, on ajoute au liquide 2 ou 3 gouttes de la solution de chromate de potassium et, en imprimant au ballon un mouvement d'oscillation, on y fait couler à l'aide d'une burette la solution titrée d'argent, jusqu'à ce que le précipité ait pris une teinte rose persistante. Le nombre de centimètres cubes de solution d'argent employés pour arriver à ce point représente *en centigrammes* la proportion du chlorure de sodium renfermé dans le volume d'urine soumis à l'essai.

Lorsque l'urine contient de l'iodure ou du bromure de potassium, il faut, avant de procéder au dosage du chlore, éliminer l'iode ou le brome. A cet effet, on dissout le résidu de l'incinération de l'urine dans l'eau, on acidifie avec de l'acide sulfurique, on ajoute quelques gouttes d'une solution d'azotite de potassium, puis on agite le liquide avec du chloroforme, qui dissout l'iode ou le brome ;

on sépare la solution chloroformique et on neutralise la liqueur par du carbonate de sodium. On peut de la même manière débarrasser directement l'urine de l'iode ou du brome qu'elle peut renfermer.

b. Méthode de Volhard et Falck, modifiée par Arnold. — Cette méthode, aussi exacte que celle de *Mohr*, doit lui être préférée, à cause de sa simplicité plus grande, car elle n'exige pas l'incinération de l'urine, toujours longue et minutieuse. Elle est basée sur la précipitation du chlorure de sodium au moyen d'un volume mesuré et en excès de solution titrée d'azotate d'argent et le dosage subséquent de l'excès d'argent, en présence d'un sel de peroxyde de fer, par précipitation, sous forme de sulfocyanure, à l'aide d'une solution titrée de sulfocyanure de potassium; l'apparition d'une coloration rouge persistante, due à la formation du sulfocyanure de fer, est l'indice de la précipitation complète de l'argent.

On a besoin des solutions suivantes :

1° *Solution titrée d'azotate d'argent;* on la prépare comme il est dit plus haut (*a*). 2° *Solution de peroxyde de fer;* c'est une solution saturée à froid de sulfate de peroxyde de fer et d'ammonium cristallisé et exempt de chlore. 3° *Solution titrée de sulfocyanure de potassium.*

Pour préparer cette dernière, on dissout dans 1 litre d'eau 10 gr. de sulfocyanure de potassium et l'on détermine le titre de la liqueur avec la solution d'azotate d'argent. Dans ce but, on mesure 10 c. c. de celle-ci, on y ajoute 5 c. c. de la solution de peroxyde de fer et enfin, goutte à goutte, de l'acide azotique, jusqu'à décoloration du mélange. On verse alors à l'aide d'une burette la solution de sulfocyanure de potassium; chaque goutte qui tombe communique au liquide une coloration rouge de sang, qui disparaît par agitation ; mais lorsque tout l'argent est précipité, la dernière goutte du réactif produit une coloration rouge persistante ; l'expérience est alors terminée. Si, par exemple, on a employé pour cela 9,4 c. c. de la solution de sulfocyanure, on en mesure 940 c. c. et avec 60 c. c. d'eau on les étend à un litre. La solution d'argent et la solution de sulfocyanure doivent alors se neutraliser exactement à volumes égaux.

On procède maintenant à l'analyse de la manière suivante : Dans un ballon jaugé de 100 c. c. on verse 10 c. c. d'urine, on ajoute de l'acide azotique jusqu'à réaction fortement acide, puis 2 ou 3 c. c. de la solution de sulfate de fer et d'ammonium et 4 ou 5 gouttes d'une solution de permanganate de potassium à 3 p. 100. On imprime au ballon quelques mouvements d'oscillation, et le liquide, d'abord coloré en rouge, passe bientôt au jaune. On fait alors couler, à l'aide d'une burette, la solution titrée d'argent jusqu'à ce qu'il ne se produise plus de précipité, et on note le nombre de centimètres cubes employés ; on remplit le ballon avec de l'eau jusqu'au trait de jauge, on mélange bien en agitant, on verse le mélange sur un filtre sec et l'on mesure 50 c. c. du liquide filtré, que l'on titre avec la solution de sulfocyanure de potassium jusqu'à coloration rouge persistante.

Le calcul de l'analyse est très simple : On multiplie par 2 le nombre de centimètres cubes de sulfocyanure employé et on retranche le produit du volume de solution d'argent ajouté précédemment ; le reste représente en centigrammes la quantité de chlorure de sodium contenue dans les 10 c. c. d'urine soumis à l'essai. Si, par exemple, on a ajouté 18,5 c. c. de solution d'argent et si ensuite on a employé 3,4 c. c. de solution de sulfocyanure, la proportion du chlorure de sodium contenu dans les 10 c. c. d'urine pris pour l'essai sera : $18,5 — (3,4 \times 2) = 11,7$ centigr.,ce qui fait par litre 11,7 gr.

Le dosage du chlorure de sodium par l'une ou l'autre des méthodes décrites n'est pas absolument exact, parce que l'on précipite en même temps que le chlore de ce sel celui des autres chlorures (de potassium, de calcium); mais comme ces derniers n'existent dans l'urine qu'en très faible proportion, l'erreur commise n'offre que peu d'importance.

85. Variations du chlorure de sodium. — Les chiffres moyens (10 à 12 gr.), indiqués précédemment pour la quantité du chlorure de sodium éliminé en vingt-quatre heures à l'état normal, éprouvent de grandes variations, non seulement chez des individus différents, mais encore chez les mêmes personnes. Ainsi, chez les personnes qui font usage d'aliments très salés, la proportion moyenne du chlorure de sodium est bien plus considérable; de même, une ingestion temporaire de ce sel plus grande qu'à l'ordinaire a pour conséquence une augmentation temporaire du chlorure de sodium. Après les repas, il y a également une élimination plus grande de sel marin. Une ingestion d'eau abondante, qui augmente la quantité de l'urine et de l'urée, produit aussi un accroissement temporaire de la quantité du chlorure de sodium, et il en est de même sous l'influence d'une augmentation de l'activité du corps ou de l'esprit.

Dans toutes les *maladies* fébriles aiguës (surtout dans la pneumonie), la quantité du chlorure de sodium diminue rapidement, et souvent même ce sel disparaît presque complètement (l'urine acidifiée est alors à peine troublée par l'azotate d'argent). A mesure que l'amélioration se produit, le chlorure de sodium augmente, et, dans la convalescence, sa quantité dépasse quelquefois la normale. Dans les maladies chroniques, l'excrétion du chlorure de sodium éprouve généralement une diminution, due au ralentissement de la nutrition et à l'alimentation moins abondante; dans quelques cas rares, elle est au contraire augmentée, soit d'une manière passagère, soit pendant un temps assez long (hydropisies, lorsque la sécrétion urinaire devient abondante, diabète polyurique). Enfin, on observe une diminution du chlorure de sodium dans les affections rénales aiguës et chroniques accompagnées d'albuminurie.

Les renseignements que fournit au médecin le dosage du chlorure de sodium de l'urine peuvent être résumés de la manière suivante : Dans toutes les maladies aiguës une diminution du chlorure de sodium indique un accroissement de l'affection, et une augmentation graduelle annonce que la maladie décline. Si la quantité du sel marin est très diminuée (au-dessous de 0,8 gr. par vingt-quatre heures), on peut en conclure que l'affection est très intense, et lorsqu'elle devient plus grande, on peut, en se basant sur la proportion trouvée, tirer une conclusion assez exacte sur le degré d'appétit et le pouvoir digestif du malade. Dans les affections chroniques, la présence d'une grande quantité de chlorure de sodium (10 à 16,5 gr. par jour) indique un état satisfaisant des voies digestives; une petite quantité (moins de 8 gr.) annonce un affaiblissement du pouvoir digestif (en supposant qu'il n'ait pas été éliminé en grande quantité par d'autres voies ou que l'on n'ait pas donné au malade que des aliments très peu salés); une grande augmentation dans l'excrétion (plus de 24,5 à 33 gr.) indique l'existence d'un diabète polyurique (à moins que la proportion du chlorure de sodium n'ait été augmentée par les aliments ou des médicaments), et elle ne constitue un signe favorable que dans les cas d'hydrémie et d'hydropisie. (*J. Vogel.*)

5.

Acide sulfurique et sulfates. — Soufre total.

86. — L'acide sulfurique contenu dans l'urine s'y trouve sous deux formes différentes : sous forme de sulfates (de sodium et de potassium), et en combinaison avec des phénols sous forme d'acides sulfoconjugués (voy. § 59). A l'état normal, la quantité de l'acide sulfurique de ces derniers ne forme que la dixième partie de l'acide sulfurique total, dont la proportion s'élève en moyenne à environ 2,5 gr. par vingt-quatre heures avec une nourriture mixte. Lorsque des phénols sont introduits dans l'organisme , la quantité des acides sulfoconjugués devient plus grande, et comme alors ces derniers se forment aux dépens de l'acide des sulfates, celui-ci peut subir une diminution telle que l'urine n'en renferme plus que des traces.

Presque tout l'acide sulfurique ordinaire de l'urine normale est combiné à la potasse et à la soude en quantités à peu près égales, et c'est pour cela que dans les analyses on indique seulement la proportion de l'acide, sans dire avec quelle base il est combiné.

87. **Recherche de l'acide sulfurique.** — La présence de l'acide sulfurique à l'état de sulfate est décelée de la manière suivante : on acidifie fortement l'urine avec de l'acide acétique, puis on y ajoute une solution de chlorure de baryum ; il doit se produire un précipité blanc, très finement granuleux, de sulfate de baryum, insoluble dans les acides chlorhydrique, azotique et acétique.

Pour rechercher l'acide sulfurique des acides sulfoconjugués, on mélange avec un excès de chlorure de baryum l'urine fortement acidifiée avec de l'acide acétique et on filtre ; on ajoute de l'acide chlorhydrique au liquide filtré et on chauffe (afin de décomposer l'acide sulfoconjugué en acide ordinaire et en phénol); si l'urine essayée renferme un acide sulfoconjugé, il se forme maintenant un second précipité de sulfate de baryum.

88. Recherche du soufre autre que celui de l'acide sulfurique. — Le *soufre* contenu dans l'urine n'est pas tout entier à l'état d'acide sulfurique; une partie, très faible il est vrai, se trouve, à l'état normal, sous forme d'*acide sulfocyanhydrique* (voy. § 64), et on peut aussi en rencontrer dans certains cas pathologiques sous forme de *cystine* (voy. § 161) et d'*acide hyposulfureux*.

Pour rechercher le soufre autre que celui de l'acide sulfurique, on procède de la manière suivante : De l'urine, fortement acidifiée par l'acide chlorhydrique, on élimine tout l'acide sulfurique par digestion à chaud avec du chlorure de baryum, puis on précipite le liquide avec du carbonate de sodium pur, on filtre et on évapore le liquide filtré additionné d'un peu de salpêtre; on fait fondre le résidu, on le dissout dans l'eau, on ajoute de l'acide chlorhydrique pur et on évapore plusieurs fois à sec avec de l'acide chlorhydrique jusqu'à expulsion de l'acide azotique. On dissout enfin le résidu dans l'eau; la solution contient maintenant le soufre sous forme d'acide sulfurique et doit par suite donner un précipité avec l'acide chlorhydrique et le chlorure de baryum.

89. Dosage de l'acide sulfurique.

A. *Dosage de l'acide total (des sulfates et des acides sulfoconjugués).* — Il peut être effectué par la méthode pondérale ou la méthode volumétrique.

a. Méthode pondérale. — Dans un petit vase à précipités, on étend avec 2 ou 3 volumes d'eau 25 à 50 c. c. de l'urine filtrée, on acidifie fortement avec de l'acide chlorhydrique, on chauffe presque à l'ébullition, on précipite par une solution de chlorure de baryum en excès et on laisse déposer à une douce chaleur. Lorsque le liquide est devenu tout à fait clair, on le jette sur un petit filtre en papier suédois, en laissant le précipité dans le vase. On verse de l'eau bouillante sur ce dernier, on décante de nouveau sur le filtre et l'on continue ces opérations jusqu'à ce que l'eau de lavage ne soit plus acide; enfin, on porte le précipité sur le filtre et on le lave avec de l'alcool bouillant. On dessèche un peu au-dessous de 100° le filtre et son contenu, puis on fait tomber le précipité avec précaution sur un papier noir glacé et on brûle le filtre dans une petite capsule en platine tarée; on laisse refroidir, on verse sur le résidu quelques gouttes d'acide azotique, on chauffe au rouge sombre, on ajoute une ou deux gouttes d'acide sulfurique et on chauffe de nouveau; enfin, on fait tomber dans la capsule le précipité lui-même et on chauffe au rouge vif. Si le résidu refroidi n'est pas tout à fait blanc, on le calcine de nouveau après addition d'acide azotique et d'acide sulfurique, et on pèse après refroidissement dans un exsiccateur. Du poids trouvé on retranche celui de la capsule; la différence représente le poids du sulfate de baryum, et ce poids, multiplié par 0,34335 ou par 0,4206, donne la proportion d'acide sulfurique anhydre (SO^3) ou d'àcide sulfurique monohydaté (SO^4H^2) contenue dans le volume d'urine employé pour l'analyse.

b. Méthode volumétrique. — Bien que moins exacte, mais bien plus rapide que la précédente, cette méthode donne cependant des résultats suffisants pour la clinique. On commence par préparer les solutions suivantes :

Solution de chlorure de baryum. On dissout dans l'eau 30,5 gr. de chlorure de baryum pur séché à l'air, et on étend exactement à 1 litre. 1 c. c. de cette solution correspond à 1 centigr. d'acide sulfurique anhydre.

Solution de sulfate de potassium. Elle doit être exactement équivalente à la solution précédente. On dissout dans l'eau 21,778 gr. de sulfate de potassium pur desséché à 100° et on étend à 1 litre.

Voici maintenant comment on procède à l'analyse, d'après *Neubauer* :

On mesure dans un petit gobelet de verre 100 c. c. d'urine, on acidifie fortement avec de l'acide chlorhydrique et l'on chauffe à l'ébullition. Dans le liquide maintenu en ébullition on verse maintenant, à l'aide d'une burette, la solution de chlorure de baryum, en laissant déposer le précipité après chaque centimètre cube versé, et l'on continue ainsi jusqu'à ce qu'on s'aperçoive que le précipité n'augmente plus. On filtre alors sur un petit filtre une petite portion du liquide, que l'on reçoit dans un petit tube étroit et que l'on essaye avec quelques gouttes de chlorure de baryum de la burette, pour savoir s'il se produit encore un précipité. S'il en est ainsi, on reverse dans le vase le liquide et l'eau avec laquelle on lave le filtre et le tube, on ajoute encore 1 c. c. de chlorure de baryum, on essaye de nouveau et ainsi de suite, jusqu'à ce que le liquide filtré ne soit plus précipité par le chlorure de baryum.

Une autre portion du liquide filtré donne alors un précipité avec la solution de sulfate de potassium. Si cela arrive après l'emploi de 12 c. c. de chlorure de baryum, on sait maintenant que le point exact doit être entre 11 et 12 c. c. et que les 100 c. c. d'urine pris pour l'essai contiennent une quantité d'acide sulfurique comprise entre 11 et 12 centigr. On recommence alors l'expérience avec un nouvel échantillon d'urine (100 c. c. fortement acidifiés par HCl et chauffés à l'ébullition) : on ajoute immédiatement 11 c. c. de chlorure de baryum et on essaye une petite portion du mélange filtré avec 0,1 c. c. de solution barytique ; s'il se produit immédiatement un trouble, on réunit le liquide filtré au liquide principal; on ajoute encore 0,1 c. c. de chlorure de baryum, on essaye de nouveau et ainsi de suite, jusqu'à ce qu'enfin ce dernier ne produise qu'un très léger trouble au bout de quelques secondes.

Maintenant on essaye un deuxième échantillon du liquide filtré avec quelques gouttes de la solution de sulfate de potassium; si ce réactif produit aussi un léger trouble après quelques secondes, le point exact est atteint et l'opération terminée. Si pour cela on a employé, par exemple, 11,6 c. c. de solution de chlorure de baryum, 100 c. c. de l'urine essayée renferment 0,116 gr. d'acide sulfurique anhydre.

Si dans la première expérience on a versé un trop grand excès de chlorure de baryum, on ajoute quelques centimètres cubes de la solution de sulfate de potassium et l'on cherche à atteindre le point exact en ajoutant avec précaution la solution barytique. On doit alors, lors du calcul du résultat, retrancher du nombre total des centimètres cubes de chlorure de baryum employés, les centimètres cubes de sulfate de potassium ajoutés.

B. *Dosage de l'acide sulfurique des sulfates.* — On procède comme il vient d'être dit, en suivant l'une ou l'autre des méthodes *a* et *b*, mais en employant pour l'acidification de l'acide acétique, au lieu d'acide chlorhydrique.

C. *Dosage de l'acide sulfurique des acides sulfoconjugués.* — De l'acide sulfurique total on retranche l'acide des sulfates; la différence représente celui des acides sulfoconjugués.

90. **Dosage du soufre total de l'urine.** — On mélange 50 c. c. d'urine avec quelques grammes de carbonate de sodium et de salpêtre purs, on évapore à siccité dans une capsule en platine et on fond le résidu à une température modérée. On dissout la masse fondue dans l'eau et on expulse l'acide

azotique en évaporant à plusieurs reprises avec de l'acide chlorhydrique pur. Enfin, on dissout le résidu dans l'eau et dans la solution on dose l'acide sulfurique; le poids trouvé en acide anhydre, multiplié par 0,400, donne la proportion du soufre total, et si de ce même poids on retranche l'acide des sulfates et des acides sulfoconjugués, la différence multipliée par 0,400 représente le soufre qui se trouve sous un autre état que celui d'acide sulfurique.

91. Variations de l'acide sulfurique. — La moyenne de 2 gr. en 24 heures, que nous avons indiquée (§ 86) pour la quantité d'acide sulfurique éliminée par l'urine à l'état sain, éprouve une augmentation notable lorsqu'on fait usage d'une nourriture très riche en viande, et il en est de même à la suite de l'ingestion d'acide sulfurique (limonade sulfurique, empoisonnements par l'acide sulfurique), de sulfates ou de combinaisons sulfurées dont le soufre peut être transformé dans l'organisme en acide sulfurique; l'usage des crucifères (tels que les choux, les navets, etc.), qui renferment du soufre, augmente également l'excrétion de l'acide sulfurique, qui est au contraire diminuée par un régime végétal duquel ces plantes sont exclues.

Dans les *maladies* fébriles aiguës, l'excrétion de l'acide sulfurique n'éprouve le plus souvent qu'une légère augmentation; ainsi dans les premières phases de la fièvre typhoïde elle est un peu plus grande qu'à l'état normal, tandis que pendant la défervescence et la convalescence elle devient un peu plus petite; dans la pneumonie et la myélite aiguë, l'augmentation serait plus considérable. Dans les affections chroniques on observe tantôt un accroissement (leucémie, diabètes polyurique et glycosurique, atrophie musculaire progressive), tantôt une diminution (maladies des reins).

Acide phosphorique et phosphates.
Acide phosphoglycérique.

92. — L'urine normale renferme toujours de l'*acide phosphorique* combiné à différentes bases. Cet acide entre aussi fréquemment dans la composition des calculs et des sédiments urinaires.

93. Caractères des phosphates. — L'acide phosphorique est tribasique et donne naissance à trois séries de sels : des sels basiques, des sels neutres et des sels acides.

Les *phosphates alcalins* sont solubles dans l'eau et insolubles dans l'alcool ; les *phosphates terreux* sont insolubles dans l'eau, un peu solubles dans l'eau chargée d'acide carbonique, insolubles dans les alcalis, facilement solubles dans les acides minéraux, dans l'acide acétique et les solutions des sels acides.

Les solutions des phosphates donnent avec le *chlorure de baryum* (ou *de calcium*) et l'*ammoniaque* un précipité blanc floconneux, insoluble dans l'ammoniaque, soluble dans les acides minéraux et l'acide azotique. Lorsqu'on ajoute dans la solution d'un phosphate de la *mixture magnésienne* [1], il se forme un précipité blanc cristallin de phosphate ammoniaco-magnésien, soluble dans les acides, insoluble dans l'ammoniaque. Le *perchlorure de fer*, ajouté en très petite quantité dans les solutions des phosphates, ne contenant pas d'autre acide libre que l'acide acétique, produit un précipité jaunâtre, floconneux de phosphate de peroxyde de fer. Le *molybdate d'ammonium*

---

[1] On prépare ce réactif en dissolvant dans huit parties d'eau et quatre parties d'ammoniaque une partie de sulfate de magnésium cristallisé et une partie de chlorure d'ammonium pur ; on laisse reposer quelques jours et on filtre.

en solution azotique précipite les solutions des phosphates en jaune, lentement à froid, plus rapidement à chaud. Les solutions des phosphates, additionnées d'acétate de sodium, donnent avec l'*acétate d'uranium* un précipité jaune de phosphate d'uranium, soluble dans les acides minéraux, mais insoluble dans l'acide acétique.

94. Phosphates de l'urine. — Les bases avec lesquelles l'acide phosphorique se trouve combiné dans l'urine normale sont la soude, la potasse, la magnésie et la chaux. On admet généralement que les phosphates alcalins (de sodium et de potassium) représentent les trois quarts de la somme des phosphates éliminés en 24 heures. Des deux *phosphates alcalins*, le phosphate de sodium est en quantité de beaucoup supérieure au phosphate de potassium; ces deux sels existent surtout à l'état de phosphates acides et seraient la cause principale de la réaction acide qui caractérise les urines normales (voy. § 15). Les deux tiers du poids total (1,2 gr., suivant *Beneke*, 1,48 gr., suivant *Böcker*) des *phosphates terreux* (de magnésium et de calcium) sont représentés par le phosphate de magnésium, l'autre tiers par le phosphate de calcium.

Les phosphates terreux, qui sont insolubles dans l'eau, sont maintenus en dissolution dans l'urine par l'acide carbonique et les sels acides (le phosphate acide de sodium notamment) contenus dans ce liquide; mais lorsqu'on détruit l'acidité de l'urine en y ajoutant de l'ammoniaque caustique ou carbonatée en excès ou lorsque l'urine a subi la fermentation ammoniacale et est devenue alcaline, le phosphate de calcium, qui est insoluble dans les liqueurs alcalines, se précipite le plus souvent à l'état amorphe, tandis que le phosphate de magnésium se combine avec l'ammoniaque et se dépose sous forme de cristaux de *phosphate ammoniaco-magnésien* (voy. § 17).

C'est ainsi que se forment les sédiments de phosphates terreux, que l'on observe fréquemment dans les urines pathologiques, et comme l'urine renferme toujours en même temps du phosphate de calcium et du phosphate de magnésium, le dépôt observé dans ces cas est ordinairement constitué par un mélange des deux phosphates (voy. § 178). Des sédiments peuvent également se produire lorsque l'urine a été rendue alcaline ou seulement neutralisée par un alcali fixe (potasse, soude), comme par exemple à la suite de l'administration prolongée de médicaments alcalins (voy. § 18); dans ce cas, il ne se forme pas de phosphate ammoniaco-magnésien et le sédiment ne paraît consister qu'en phosphate de calcium.

95. **Acide phosphoglycérique.** — L'acide phosphorique se trouve aussi dans l'urine en combinaison avec la glycérine, sous forme d'*acide phosphoglycérique*. Cet acide, dont la présence a été signalée dans les urines des leucémiques, doit être considéré comme un élément de l'urine normale, qui en contient 15 milligr. par litre, suivant *Lépine* et *Egmonnet;* sa quantité augmente à la suite de l'emploi du chloroforme comme anesthésique, et de la morphine, dans la pneumonie et l'érysipèle. (*Zülzer.*)

96. **Recherche de l'acide phosphorique.** — La présence de l'acide phosphorique combiné à la chaux et à la magnésie est indiquée par le précipité de phosphates terreux que produit l'ammoniaque versée dans une urine acide. Pour découvrir l'acide phosphorique des phosphates alcalins, on filtre l'urine précipitée par l'ammoniaque et on essaye le liquide filtré avec la mixture magnésienne (précipité blanc de phosphate ammoniaco-magnésien), avec la solution d'uranium en présence d'acide acétique (précipité jaune) ou avec le perchlorure de fer (précipité jaune). (Voy. § 93.)

On peut précipiter à la fois, sous forme de phosphate ammoniaco-magnésien, l'acide phosphorique des phosphates alcalins et celui des phosphates terreux en ajoutant à l'urine de la mixture magnésienne.

97. Dosage de l'acide phosphorique. — Plusieurs méthodes ont été proposées pour ce dosage. La plus commode et la plus rapide est la méthode volumétrique indiquée par *Neubauer;* elle repose sur les réactions suivantes : l'acétate ou l'azotate d'uranium donne dans les solutions acétiques des phosphates un précipité jaune floconneux de composition constante, et lorsque tout l'acide phosphorique est précipité, le sel d'uranium ajouté en excès produit avec le cyanure jaune de potassium une coloration brun rouge caractéristique. Cette méthode nécessite les solutions suivantes :

1° *Solution titrée d'acide phosphorique.* — On dissout dans l'eau distillée 3,087 gr. de phosphate acide d'ammonium sec, bien exactement pesés, et on complète la solution à 1 litre. 50 c. c. de cette solution contiennent 0,1 gr. d'acide phosphorique.

2° *Solution acétique d'acétate de sodium.* — Dans un peu d'eau on dissout 100 gr. d'acétate de sodium cristallisé pur, on ajoute 50 c. c. d'acide acétique cristallisable, puis une quantité d'eau suffisante pour faire 1 litre de solution.

3° *Solution de ferrocyanure de potassium* à 10 p. 100.

4° *Solution titrée d'azotate d'uranium.* — On dissout dans aussi peu que possible d'acide azotique 20 gr. d'oxyde d'uranium pur et sec, on étend la solution à 1 litre et on en détermine le titre de la manière suivante :

Dans une petite capsule en verre, on mesure 50 c. c. de la solution d'acide phosphorique, puis on y ajoute 5 c. c. de la solution d'acétate de sodium, et dans le mélange, chauffé au bain-marie à une température voisine de l'ébullition, on fait couler goutte à goutte, à l'aide d'une burette, la solution d'uranium, jusqu'à qu'il semble ne plus se former de précipité. On dépose alors, à l'aide d'une baguette de verre, une goutte du liquide sur un fragment de porcelaine et avec une pipette on fait tomber par-dessus une goutte de la solution de ferrocyanure de potassium. S'il ne se produit aucune coloration, on ajoute au liquide 1/2 c. c. de solution d'uranium, on recommence l'essai avec le ferrocyanure et on continue ainsi, jusqu'à ce qu'on obtienne une coloration brun rougeâtre. Lorsqu'il en est ainsi, on mesure 50 nouveaux c. c. de la solution d'acide phosphorique, on y ajoute 5 c. c. de solution d'acétate de sodium, puis on verse en une seule fois un volume de solution d'uranium égal à celui employé précé-demment, moins 1/2 c. c.; on chauffe à l'ébullition, on ajoute seulement 1/10 de c. c. de solution d'uranium et essaye avec le ferrocyanure de potassium, en continuant ainsi jusqu'à ce que la coloration brun rougeâtre commence à se manifester. On lit alors sur la burette le volume de solu-tion d'uranium employé pour obtenir cette coloration. Si ce volume est égal, par exemple, à 19,8 c. c., il est facile de savoir à combien d'acide phosphorique correspond 1 c. c. de la solution d'uranium, puisque les 50 c. c. de solution d'acide phosphorique employés pour le titrage renferment 0,1 gr. de cet acide :

19,8 c. c. de solution d'uranium = 0,1 gr. d'acide phosphorique.
  1 c. c.   —   —   = x —

d'où

$$x = \frac{1}{19,8} = 0,00505.$$

Chaque centimètre cube de la solution d'uranium cor-respond donc à 0,00505 gr. d'acide phosphorique.

Pour doser l'acide phosphorique, dans l'urine, on procède exactement de la même manière que pour la fixation du titre de la solution d'uranium : On mesure 50 c. c. de l'urine filtrée, on y ajoute 5 c. c. de solution d'acétate de sodium, on chauffe à l'ébullition et on verse la solution d'uranium jusqu'à ce qu'on ait obtenu avec le ferrocyanure de potassium la même intensité de coloration que lors de la fixation du titre. Le nombre de centimètres cubes employés pour cela, multiplié par le titre de la solution d'uranium (0,00305 gr., dans l'exemple que nous avons choisi), indique la quantité d'acide phosphorique renfermée dans 50 c. c. d'urine, et cette quantité multipliée par 20 donne la proportion pour 1 litre.

Si l'on veut avoir des résultats plus exacts (bien que ceux obtenus en procédant comme il vient d'être dit soient tout à fait suffisants pour les recherches cliniques), on précipite l'urine par la mixture magnésienne (p. 88), on lave le précipité sur un petit filtre avec de l'eau ammoniacale (1 vol. d'ammoniaque pour 3 vol. d'eau), on le dissout dans l'acide acétique, on étend la solution à 50 c. c. et, après addition d'acétate de sodium, on opère comme précédemment. (*Neubauer.*)

Le dosage effectué comme il vient d'être dit (soit directement, soit après précipitation des phosphates) fait connaître la proportion totale de l'acide phosphorique; mais il est quelquefois important de déterminer séparément l'acide combiné aux alcalis et l'acide combiné aux terres. Dans ce cas, on précipite les phosphates terreux en mélangeant l'urine filtrée avec de l'ammoniaque et on laisse reposer pendant 12 heures. On rassemble le précipité sur un filtre et, après l'avoir lavé à l'eau ammoniacale, on le fait tomber, en perçant le filtre, dans un petit gobelet de verre, où on le dissout à chaud dans l'acide acétique;

enfin, on étend la solution à 50 c. c., on ajoute 5 c. c. d'acétate de sodium, et on dose l'acide phosphorique. On a ainsi la quantité de l'acide phosphorique combiné aux terres, et si on retranche cette quantité de l'acide total, la différence représente l'acide phosphorique combiné aux alcalis.

98. Variations de l'acide phosphorique. — Un homme adulte en bonne santé, faisant usage d'une nourriture mixte, élimine en moyenne par ses urines 2 à 3 grammes d'acide phosphorique en 24 heures. Cette quantité devient plus grande avec un régime dans lequel la viande prédomine, ainsi qu'à la suite de l'ingestion de phosphates ou de substances phosphatées; elle diminue au contraire pendant l'abstinence ou lorsqu'on fait usage d'une nourriture végétale. L'excrétion de l'acide phosphorique est généralement augmentée, en même temps que celle de l'urée et du chlore, par une ingestion d'eau abondante; un accroissement de l'activité cérébrale ou musculaire produirait aussi un effet analogue.

Dans les *maladies* fébriles aiguës, on observe généralement pendant les premiers jours une diminution de l'excrétion de l'acide phosphorique, et vers la fin de ces maladies qui se terminent par la mort la diminution devient encore plus grande; l'excrétion augmente ensuite graduellement à mesure que la fièvre baisse, et dans la convalescence, alors que les malades prennent une nourriture plus abondante, elle s'élève quelquefois au-dessus de la normale. Lorsque la fièvre est très intense, on trouve parfois, au lieu d'une diminution, une augmentation de l'acide phosphorique, dont la quantité s'élève assez souvent dans ces cas jusqu'à 8,5 gr. en 24 heures. Dans les maladies chroniques l'élimination de l'acide phosphorique dépend en majeure partie du fonctionnement plus ou moins parfait des organes digestifs, ce qui fait que les indications recueillies ne sont pas absolument certaines. En général, les phosphates terreux diminuent dans les affections cérébrales, le rhumatisme, l'ostéomalacie, le rachitisme et le catarrhe vésical, tandis qu'ils augmentent dans les maladies de la moelle et des reins, l'hydropisie, l'atrophie du foie et la glycosurie diabétique; dans cette dernière affection la phosphaturie serait souvent accompagnée d'azoturie.

Dans le *diabète phosphatique*, état morbide décrit par J. *Teissier*, l'urine, éliminée en quantité très abondante et franchement acide, renferme une énorme quantité de phosphates. Ainsi dans les observations recueillies par *Teissier*, les phosphates terreux ont varié le plus habituellement entre 12, 15 et 20 gr. par vingt-quatre heures; dans quelques cas plus rares, l'élimination s'est élevée jusqu'à 25 et 30 gr.; dans les observations où le chiffre de l'excrétion de l'acide phosphorique a été seul évalué, ce sont les proportions de 7 à 10,5 gr. qui ont été généralement notées.

Potasse, soude, chaux et magnésie.

Ces bases existent dans l'urine à l'état de chlorures, de sulfates et de phosphates.

99. Potasse et soude. — Un homme sain, faisant usage d'une nourriture mixte, élimine en vingt-quatre heures 2 à 3 gr. de potasse et 4 à 6 gr. de soude. L'excrétion de la potasse devient trois ou quatre fois plus grande dans les affections fébriles; celle de la soude au contraire diminue au summum de l'affection, mais, une fois la fièvre tombée, elle augmente, et quelquefois très rapidement. A la suite de l'ingestion de sels potassiques et sodiques à doses non purgatives, la richesse de l'urine en alcalis fixes subit une augmentation notable.

Pour rechercher la *potasse*, on ajoute à 100 c. c. d'urine un peu d'acide chlorhydrique, puis on y verse 2 volumes d'un mélange limpide à volumes égaux d'alcool et d'éther, additionné de chlorure de platine quelque temps avant l'expérience. Au bout de plusieurs heures, il se dépose du chlorure de platine et de potassium (mélangé de chlorure de platine et d'ammonium), sous forme d'octaèdres faciles à reconnaître, surtout au microscope.

Pour découvrir la *soude*, on évapore un peu d'urine à cristallisation. Une petite quantité de la masse cristalline, introduite dans une flamme d'alcool ou dans la flamme non éclairante de la lampe à gaz, communique une coloration jaune intense à ces flammes, et celles-ci, examinées au spectroscope, donnent une seule raie jaune, coïncidant avec la raie D du spectre solaire.

100. Chaux et magnésie. — La quantité de chaux éliminée en vingt-quatre heures par un homme adulte sain varie entre 0,12 et 0,25 gr., suivant *Neubauer* (entre 0,35 et 0,45 gr., d'après *Yvon*), et celle de la magnésie entre 0,18 et 0,28 gr. (entre 0,15 et 0,20 gr., suivant *Yvon*). La chaux et la magnésie existent dans l'urine normale surtout sous forme de phosphates (voy. § 94), mais elles peuvent aussi se trouver dans l'urine pathologique, à l'état de sulfates, d'oxalates, d'urates.

Pour rechercher la *chaux* et la *magnésie*, on précipite l'urine par l'ammoniaque, on dissout le précipité (mélange de phosphate basique de calcium et de phosphate ammoniaco-magnésien) dans l'acide acétique, puis on y ajoute un peu de chlorure d'ammonium et ensuite une solution d'oxalate d'ammonium, qui précipite la chaux à l'état d'oxalate, tandis que la magnésie reste en dissolution;

pour déceler cette dernière, il suffit d'ajouter de l'ammoniaque au liquide filtré, et elle se précipite sous forme de phosphate ammoniaco-magnésien.

Relativement au *dosage de la chaux et de la magnésie, de la potasse et de la soude*, nous renvoyons aux ouvrages de A. *Gautier* [1] et de *Hoppe-Seyler* [2].

Ammoniaque (sels ammoniacaux).

101. — L'urine normale fraîchement émise renferme toujours de petites quantités d'ammoniaque (sous forme de carbonate, de chlorure, etc.) : 0,6 à 0,8 gr. par vingt-quatre heures, suivant *Neubauer*. Cette ammoniaque provient en partie des aliments et des boissons, ainsi que de l'air inspiré, qui en contiennent toujours plus ou moins.

102. **Recherche**. — L'urine doit être examinée au moment même de son émission. Dans un petit ballon on mélange l'urine avec un lait de chaux jusqu'à réaction alcaline ; pour reconnaître la présence de l'ammoniaque ainsi mise en liberté, on suspend dans le col du ballon un papier de tournesol rouge humide, qui vire bientôt au bleu, ou bien on approche de l'orifice du ballon une baguette de verre trempée dans l'acide chlorhydrique, qui, au contact du gaz ammoniac, donne naissance à des fumées blanches. Si on humecte avec une lessive de soude le précipité platinique obtenu lors de la recherche de la potasse (§ 99), il se dégage de l'ammoniaque, que l'on reconnaît comme il vient d'être dit.

103. **Dosage**. — On verse 100 c. c. d'urine dans un ballon muni d'un tube à entonnoir E (fig. 28) et com-

[1] *Chimie appliquée à la physiologie*, etc., t. II, p. 57 et 58.
[2] *Analyse chimique appliquée à la physiologie et à la pathologie*, p. 357.

6

muniquant par le tube *eee* avec un autre ballon plus petit F, contenant un peu d'eau distillée et 5 c. c. d'acide sulfurique titré (dont 10 c. c. correspondent à 0,2125 gr. d'ammoniaque; voy. § 79); le vase F est lui-même en communication avec un appareil à boules A, également rempli avec 5 c. c. du même acide titré; enfin, un tube en caoutchouc, adapté à l'appareil à boules, permet, au

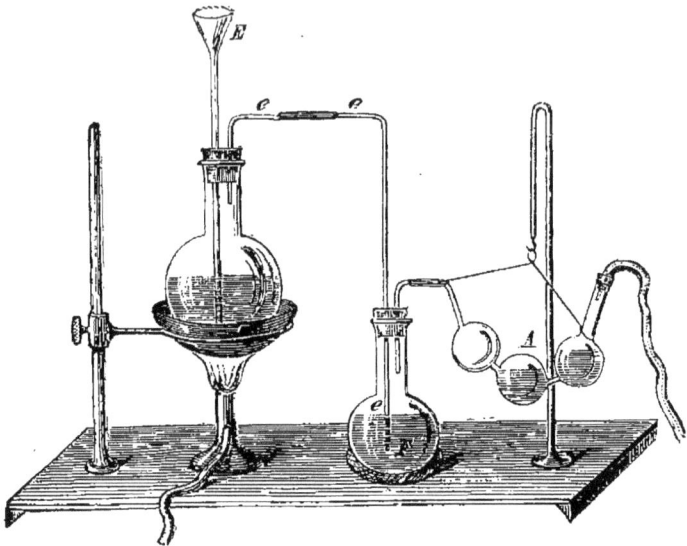

Fig. 28. — Appareil pour le dosage de l'ammoniaque.

moyen d'un aspirateur, de faire passer un courant d'air à travers l'appareil. Les choses étant ainsi disposées, on ajoute dans le ballon contenant l'urine, par l'entonnoir E, 10 à 15 c. c. d'un lait de chaux clair, on élève à environ 30° la température de l'urine, en chauffant le bain-marie où se trouve placé le ballon, et l'on fait marcher lentement l'aspirateur. L'ammoniaque qui se dégage est absorbée en F et en A. Au bout de six heures, on verse l'acide de F et de A dans un petit vase à précipiter et l'on détermine le volume d'acide non saturé par l'ammoniaque, à l'aide d'une solution de soude dont on a fixé préalablement le titre par rapport à l'acide sulfurique (voy. § 79).

Si ce titre est égal, par exemple, à 28,5 c. c. pour 10 c. c. d'acide, lesquels correspondent à 0,2125 gr. d'ammoniaque (c'est-à-dire si 10 c. c. d'acide exigent pour leur neutralisation 28,5 c. c. de soude), 28,5 c. c. de la solution de soude correspondront également à 0,2125 gr. d'ammoniaque. Si maintenant après l'opération ils n'en exigent plus que 25,7, l'ammoniaque dégagée par les 100 c. c. d'urine a neutralisé un volume d'acide correspondant à 28,5 — 25,7 = 2,8 c. c. de soude. Comme 28,5 c. c. de soude correspondent à 0,2125 gr. d'ammoniaque, il suffit, pour savoir à combien correspondent 2,8 c. c., de poser la proportion suivante :

$$28,5 : 0,2125 = 2,8 : x.$$

d'où

$$x = \frac{0,2125 \times 2,8}{28,5} = 0,0208.$$

Les 100 c. c. d'urine soumis à l'essai renferment donc 0,0208 gr. d'ammoniaque, ce qui fait par litre 0,208 gr.

104. **Variations.** — La teneur de l'urine en ammoniaque est augmentée par un régime riche en viande, par le séjour dans une atmosphère remplie de fumée de tabac, par l'usage de certains aliments riches en ammoniaque, comme les raiforts; elle augmente également à la suite de l'ingestion de combinaisons ammoniacales, qui passent dans l'urine sans avoir subi d'altération (sels à acides minéraux : chlorure, carbonate, etc.), ou après transformation en carbonate (sels à acides organiques qui, dans le corps, se changent en acide carbonique).

On n'est encore que peu renseigné sur les variations que subit l'excrétion de l'ammoniaque dans les maladies;

d'après les recherches faites jusqu'à présent, elle serait presque toujours supérieure à la normale. Dans le catarrhe vésical, l'urine renferme très souvent au moment de son émission une proportion anormale d'ammoniaque (sous forme de carbonate), mais alors celle-ci provient d'une décomposition de l'urée à l'intérieur de la vessie, sous l'influence des microorganismes dont nous avons parlé précédemment (voy. §§ 17 et 18) [1].

Fer, silice, acides azotique et azoteux, peroxyde d'hydrogène.

Ces différents corps n'existent dans l'urine normale qu'en quantités extrêmement faibles.

105. **Fer**. — Suivant *Magnier*, la quantité de fer qu'un homme en bonne santé élimine par ses urines oscille entre 3 et 11 milligrammes par litre.

Pour constater la présence du fer dans l'urine, on en évapore 150 à 200 c. c. à siccité, on incinère le résidu (voy. § 13), puis on dissout la cendre dans un peu d'eau acidifiée avec de l'acide chlorhydrique et on fait bouillir la solution avec deux ou trois gouttes d'acide azotique. Si maintenant on ajoute à une portion du liquide ainsi pré-

[1] La décomposition de l'urée à l'intérieur de la vessie serait due surtout à une bactérie bacillaire, immobile à l'état adulte, mais dont les éléments jeunes sont animés de mouvements d'oscillation et de progression lente, qui leur permettent de pénétrer à travers l'urèthre jusque dans la vessie; cette bactérie se trouve toujours en quantité considérable sur le prépuce humecté des individus qui urinent par regorgement. Le *Micrococcus ureæ*, auquel est attribué le rôle principal dans la fermentation alcaline de l'urine en dehors de la vessie, est au contraire dépourvu de mouvements, et il ne peut par suite arriver au contact de l'urine dans la vessie que lorsqu'il est introduit mécaniquement dans celle-ci, comme, par exemple, par une sonde malpropre. Voy. Bouchard, *Maladies par ralentissement de la nutrition*, p. 250. Paris, 1885.

paré du sulfocyanure de potassium, on devra obtenir une coloration rougeâtre ou rouge foncé, suivant la proportion du fer présent. Une autre portion du liquide donnera avec le prussiate jaune de potasse un précipité bleu floconneux plus ou moins abondant, ou seulement une coloration bleue, si le fer n'est qu'en très faible quantité.

106. **Silice**. — Pour rechercher la silice, on fond dans un creuset en platine avec un excès de carbonate de potassium et de sodium pur le résidu de l'incinération d'une grande quantité d'urine (2 ou 3 litres), on dissout la masse fondue dans l'eau, on acidifie avec de l'acide chlorhydrique et on évapore à siccité au bain-marie; si maintenant on épuise le résidu par l'acide chlorhydrique et l'eau, la silice reste sous forme d'une poudre blanche, sans odeur ni saveur, et soluble à l'ébullition dans une solution de carbonate de sodium.

La quantité de silice éliminée en vingt-quatre heures oscille entre 0,02 et 0,03 gr.

107. **Azotates et azotites**. — Les azotates, dont la présence a été signalée dans l'urine normale par *Schönbein*, proviennent des substances qui entrent dans notre alimentation; les eaux potables, les légumes (choux, épinards, salades, etc.) renferment en effet de petites quantités d'azotates. Lorsque l'urine est abandonnée à elle-même, les azotates se transforment en azotites sous l'influence de la putréfaction.

Pour rechercher les azotates, on évapore l'urine à siccité avec un peu de potasse et on traite à chaud le résidu par l'acide sulfurique; il doit alors se dégager des vapeurs nitreuses, qui colorent en bleu le papier d'amidon ioduré. Si l'urine essayée n'est pas fraîche, si par conséquent les azotates se sont transformés en azotites, on reconnaît la présence de ces derniers, en ajoutant à

6.

l'urine un peu de solution d'amidon et d'iodure de potassium, puis y versant quelques gouttes d'eau acidulée par l'acide sulfuriqne (coloration bleue).

108. Peroxyde d'hydrogène. — C'est aussi *Schönbein* qui a signalé la présence de ce corps dans l'urine normale.

Pour reconnaître le peroxyde d'hydrogène, on verse dans 200 c. c. d'urine fraîche quelques gouttes d'une solution sulfurique d'indigo, de façon à obtenir une coloration verte, puis on ajoute un peu de solution de sulfate de protoxyde de fer. Si l'urine contient du peroxyde d'hydrogène, la couleur du mélange passe au vert clair ou au jaune brunâtre, par suite de la décoloration de l'indigo.

Gaz de l'urine.

109. Acide carbonique, oxygène et azote. — L'urine contient toujours en dissolution de l'acide carbonique, de l'oxygène et de l'azote. D'après *Morin*, 1 litre d'urine renferme à l'état normal : 15,957 c. c. d'acide carbonique, 0,658 c. c. d'oxygène et 7,773 c. c. d'azote.

Toutes les causes qui activent la circulation ou la respiration augmentent les proportions de l'acide carbonique et de l'azote, tandis qu'elles diminuent sensiblement celle de l'oxygène. Une partie de l'acide carbonique de l'urine est simplement dissoute, l'autre partie est combinée aux alcalis et aux terres à l'état de bicarbonates. Sa quantité augmente dans les fièvres à peu près parallèlement à l'urée.

L'acide carbonique contribue à maintenir en dissolution dans l'urine les phosphates terreux (§ 94).

CHAPITRE III

ÉLÉMENTS PATHOLOGIQUES DE L'URINE

PROPRIÉTÉS, RECHERCHE ET DOSAGE

Albumine (sérine).

L'albumine que l'on rencontre le plus souvent dans l'urine est identique avec l'albumine du sérum (*sérine*).

110. Propriétés. — L'albumine du sérum, obtenue par évaporation de sa solution à une basse température (à 40° ou dans le vide), se présente sous forme d'une masse amorphe incolore ou légèrement jaunâtre, cassante, transparente, inodore et insipide, soluble dans l'eau, avec laquelle elle donne un liquide limpide et visqueux; elle est insoluble dans l'alcool, qui la précipite en flocons de ses solutions aqueuses. Les solutions d'albumine dévient à gauche le plan de polarisation de la lumière; elles ne sont pas diffusibles.

Si l'on chauffe une solution d'albumine, elle commence à se troubler entre 60 et 65° et elle se coagule complètement à 72 — 73°. Si la solution est très étendue, la coagulation ne se produit qu'à la température de l'ébullition. Si le liquide est alcalin, l'action de la chaleur ne donne lieu souvent qu'à un léger trouble, même lorsque la liqueur renferme beaucoup d'albumine; mais si, avant de chauffer, on ajoute de l'acide acétique, la précipitation a lieu d'une manière complète en flocons volumineux. Un excès d'acide doit être évité, parce que, en présence d'acide acétique libre, il reste en dissolution, même à l'ébullition, une quantité plus ou moins grande d'albumine. Le sel marin, le sulfate de sodium et d'autres sels neutres abaissent le point de coagulation des solutions d'albumine ; c'est pour cela qu'une urine albumineuse acidulée par l'acide acétique se coagule par la chaleur au-dessous de 70°.

Les solutions d'albumine sont coagulées par les *acides* azotique, sulfurique et chlorhydrique, et le coagulum se dissout même à froid dans un excès d'acide. Les acides phénique, tannique, picrique, phosphomolybdique et phosphotungstique et le *ferrocyanure de potassium* (ce dernier en présence d'acide acétique) produisent aussi le même effet.

Presque tous les *sels métalliques* (acétate de plomb, sulfate de cuivre, azotate et chlorure mercuriques, sulfate de zinc, etc.) donnent avec les solutions d'albumine des précipités, qui se dissolvent en partie dans un excès des précipitants ou d'albumine. L'iodure de potassium et de mercure, ainsi que l'iodure de potassium et de bismuth, précipitent également les solutions d'albumine.

Si, à une solution d'albumine, mélangée avec un excès de lessive de soude, on ajoute goutte à goutte du sulfate de cuivre en solution étendue, en agitant après chaque addition du sel de cuivre, le liquide se colore d'abord en rose, puis en violet, et enfin en rouge violet. (*Réaction du biuret.*)

Si l'on mélange une solution d'albumine avec un excès d'acide azotique concentré et si l'on chauffe, il se forme d'abord un précipité, qui se redissout ensuite partiellement ou en totalité, et le liquide prend une coloration jaune citron, qui passe au jaune foncé ou au brunâtre par l'addition d'un alcali. (*Réaction de l'acide xanthoprotéique.*)

Lorsqu'on ajoute à une solution d'albumine de l'acide acétique cristallisable en excès, puis de l'acide sulfurique concentré, le liquide prend une belle coloration violette, avec une légère fluorescence verdâtre. (*Réaction d'Adamkiewicz.*)

Si l'on fait bouillir une solution d'albumine additionnée d'un grand excès d'azotate de bioxyde de mercure, si ensuite on ajoute une solution d'azotite de potassium en excès, puis si l'on porte de nouveau à l'ébullition, le liquide et le précipité qui s'est formé (quelquefois ce dernier seulement) se colorent en rouge. (*Réaction de Millon.*)

111. Recherche. — Les urines qui renferment de l'albumine donnent, lorsqu'on les agite, une mousse très abondante, ne disparaissant que lentement. Leur couleur, généralement pâle, peut au contraire être plus foncée que celle de l'urine normale, lorsqu'elles renferment du sang, et leur densité est ordinairement assez faible. Enfin, leur transparence est souvent troublée par la présence d'éléments morphologiques en suspension (cylindres urinaires, globules sanguins, etc.; voy. §§ 194, 195 et 198); aussi est-il nécessaire, avant de procéder à la recherche de l'albumine, de les éclaircir par une ou plusieurs filtrations; lorsque, comme cela arrive si l'urine est ancienne, ce moyen ne suffit pas pour faire disparaître le trouble, on parvient à obtenir un liquide assez limpide en agitant l'urine, avant de la filtrer, d'abord avec un peu de magnésie calcinée ou quelques gouttes d'une solution du sulfate de magnésium et ensuite avec du bicarbonate de sodium.

La recherche de l'albumine peut être effectuée par différentes méthodes, basées sur la manière dont se comporte ce corps avec les réactifs.

a. On *chauffe à l'ébullition* dans un tube à essais un

petit échantillon d'urine, et ensuite, qu'il se soit formé ou
non un précipité, on ajoute un peu d'acide azotique concentré. Si l'urine essayée renferme de l'albumine, il se
forme un précipité floconneux plus ou moins abondant,
qui, par le repos, se rassemble peu à peu au fond du tube.
Lorsque l'urine est naturellement acide, la chaleur seule
produit généralement la coagulation de l'albumine, mais
il n'en est pas ainsi lorsque le liquide est neutre ou alcalin.
L'addition de l'acide azotique, dont il faut avoir bien soin
d'éviter un excès (1/10 du volume de l'urine est ordinairement une proportion tout à fait convenable), est dans tous
les cas nécessaire, car elle a pour but de rendre la précipitation plus complète et, en outre, de dissoudre les phosphates alcalino-terreux, qui par l'ébullition se séparent en
formant un précipité offrant une grande ressemblance avec
un coagulum albumineux. Lorsque le trouble produit par
l'ébullition est dû à des phosphates, l'urine redevient
claire par l'addition de l'acide azotique, si elle ne contient
pas d'albumine; si, au contraire, l'urine est albumineuse,
le trouble augmente et se change en un précipité.

A la place de l'acide azotique, on peut ajouter à l'urine
en ébullition de l'acide acétique, en ayant bien soin de
n'en employer qu'une très faible quantité (environ 1 à
2 gouttes pour 10 c. c. d'urine), parce qu'un excès de cet
acide empêcherait la précipitation de l'albumine.

b. Dans un petit verre à expériences on introduit 1 ou
2 c. c. d'*acide azotique* concentré pur et on verse par-dessus
4 ou 5 c. c. d'urine, que l'on fait couler à l'aide d'une pipette le long de la paroi du vase. Si l'urine renferme de
l'albumine, on aperçoit à la surface de séparation des deux
liquides, immédiatement ou seulement au bout de quelques minutes, un coagulum ou précipité annulaire parfaitement limité en dessus et en dessous (la coloration vio-

lette que l'on observe en même temps ne provient pas de l'albumine, mais de la décomposition de l'indican). Cette réaction est extrêmement sensible, elle permet de découvrir de très faibles traces d'albumine (jusqu'à 0,003 p. 100).

Lorsque l'urine est riche en urates, il se produit aussi un précipité annulaire, mais cet anneau occupe un point plus élevé que les surfaces de contact des deux liquides, et le plus souvent aussi il est plus haut que le bord supérieur de l'anneau d'albumine; en outre, le bord supérieur n'est pas nettement limité, il s'efface en se confondant insensiblement avec la surface de l'urine. Par conséquent, si l'urine contient de l'albumine et en même temps beaucoup d'urates, il peut se former deux anneaux : un anneau inférieur constitué par de l'albumine et un anneau supérieur formé par les urates, qui le plus ordinairement est séparé du précédent par une couche claire. En pareil cas, il vaut mieux, avant l'essai, étendre l'urine de 2 ou 3 volumes d'eau, afin d'empêcher la réaction des urates ou du moins l'affaiblir le plus possible. En outre, les précipités occasionnés par des urates disparaissent lorsqu'on vient à chauffer doucement, ce qui n'a pas lieu pour l'albumine.

Dans les urines très concentrées, un précipité d'azotate d'urée peut aussi se produire, mais ce précipité, qui ne se forme qu'à la longue, est cristallin, et il disparaît dès qu'on ajoute de l'eau.

Enfin, si l'urine renferme des substances résineuses, comme cela peut avoir lieu à la suite de l'usage de térébenthine, de baume de copahu, de styrax, etc., l'acide azotique donne un précipité blanchâtre offrant certaines analogies avec un coagulum albumineux, mais qui s'en distingue parce qu'il se dissout immédiatement lorsqu'on ajoute de l'alcool concentré.

On peut aussi effectuer l'essai par l'acide azotique en

faisant tomber cet acide goutte à goutte dans l'urine contenue dans un tube à essais. Si l'urine est albumineuse,
les premières gouttes d'acide donnent naissance à un précipité que l'agitation fait disparaître, mais qui finit par
devenir persistant à mesure qu'on ajoute plus d'acide (il
ne faut pas en employer plus d'un dixième du volume de
l'urine).

c. On mélange 5 à 6 c. c. d'urine avec de l'acide acétique
jusqu'à réaction fortement acide, puis on ajoute quelques
gouttes de solution de *ferrocyanure de potassium*. Si l'urine
essayée est albumineuse, il se produit un trouble ou un
précipité blanc floconneux suivant la quantité d'albumine
présente. Cette réaction est très sensible, puisqu'elle permet de découvrir 2 millièmes p. 100 d'albumine; cependant le ferrocyanure de potassium précipite également
l'hémialbuminose (et la globuline) en présence de l'acide
acétique, mais le précipité d'hémialbuminose se dissout à
chaud, ainsi que dans les sels neutres. Lorsque l'urine se
trouble quand on la mélange avec de l'acide acétique, cela
peut être dû à de la mucine ou (plus rarement) à des substances résineuses ; ces dernières se dissolvent facilement
dans l'alcool (voy. *b*). Pour éviter le trouble dû à la mucine,
on peut précipiter ce corps en ajoutant à l'urine une quantité d'acétate de plomb telle qu'il n'en reste pas en solution, et avec le liquide filtré on procède ensuite à la recherche de l'albumine.

d. On acidifie fortement l'urine avec de l'acide acétique,
on y ajoute une solution saturée de *sulfate de sodium* ou de
sel marin et on fait bouillir. En présence d'albumine, il se
produit un précipité blanc floconneux.

Les quatre méthodes précédentes, surtout les deux
premières, sont celles que l'on emploie ordinairement
pour la recherche de l'albumine, et ce sont aussi les plus

exactes. Nous allons en indiquer brièvement quelques autres, dont l'usage est beaucoup moins fréquent; les résultats qu'elles fournissent sont d'ailleurs généralement plus ou moins incertains, parce que les réactifs employés peuvent également donner des précipités avec certains éléments normaux ou accidentels de l'urine.

e. Quelques gouttes d'une solution aqueuse saturée à froid d'*acide picrique* donnent avec l'urine albumineuse un précipité blanc floconneux. — Une solution de *bichlorure de mercure* à 5 p. 100 produit également le même effet dans l'urine acidifiée par l'acide acétique. — Si l'on mélange une urine albumineuse avec 2 ou 3 p. 100 d'acide azotique et une solution d'*acide phénique* à 10 p. 100 et si l'on agite, il se produit un précipité, dont le dépôt se forme plus rapidement, si, à la place de l'acide azotique, on ajoute à l'urine la moitié de son volume de solution saturée de sulfate de sodium. — Si sur une urine albumineuse, contenue dans un verre à expériences, on verse avec précaution 1 ou 2 c. c. d'une solution d'*acide métaphosphorique* (acide phosphorique vitreux) fraîchement préparée, on voit apparaître un anneau blanchâtre aux surfaces de contact des deux liquides. — Une solution acétique d'*iodure double de mercure et de potassium* (préparée avec 3,32 gr. d'iodure de potassium, 1,35 gr. de bichlorure de mercure, 20 c. c. d'acide acétique cristallisable et 80 c. c. d'eau), ajoutée goutte à goutte dans une urine, produit un précipité, si celle-ci renferme de l'albumine.

Enfin, on peut aussi appliquer à la recherche de l'albumine les *réactions du biuret, de l'acide xanthoprotéique,* d'*Adamkiewicz* et de *Millon* (voy. § 110).

112. *Recherche de l'albumine en présence de la globuline.* — Dans toutes les méthodes que nous venons d'indiquer, on ne tient aucun compte de la présence de la *globuline*

(voy. §§ 115 et 118), qui cependant accompagne presque toujours l'albumine dans les urines albumineuses et se comporte comme cette dernière avec la plupart des réactifs.

Si l'on veut rechercher l'albumine seule, on dissout dans l'urine du sulfate de magnésium jusqu'à saturation; on filtre, on mélange le liquide filtré avec un grand excès d'acide acétique et on fait bouillir; l'albumine se sépare alors seule sous forme d'un précipité floconneux.

113. Dosage de l'albumine. — La méthode généralement suivie pour ce dosage consiste à coaguler l'albumine par la chaleur ou par un autre moyen et à déterminer le poids du coagulum préalablement desséché (*méthode pondérale*). On arrive ainsi à des résultats très exacts; mais l'opération exige un temps assez long, aussi a-t-on quelquefois recours à un autre procédé plus rapide, mais moins précis, dans lequel la quantité de l'albumine est évaluée d'après la hauteur du précipité qu'elle fournit après coagulation (*méthode d'Esbach*).

Toutefois cette dernière méthode n'est applicable qu'aux cas où l'urine renferme plusieurs grammes d'albumine par litre, comme cela a lieu dans la maladie de Bright; elle fournit alors des indications comparables, qui permettent de suivre d'une manière suffisante les variations journalières de l'albuminurie et d'apprécier l'influence des médicaments, etc.

a. Méthode pondérale. — A l'aide d'une pipette, on mesure un volume d'urine tel qu'il ne s'y trouve pas plus de 0,2 à 0,3 gr. d'albumine, c'est-à-dire 100 c. c., si l'on a affaire à une urine peu riche, ou un volume moindre, que l'on étend ensuite à 100 c. c. avec de l'eau distillée, si l'urine est très chargée. On verse l'urine dans une capsule en platine ou dans un vase en verre de Bohême, et l'on chauffe au bain-marie. Si la coagulation n'a pas lieu en flocons bien nets et si le liquide interposé n'est pas parfaitement limpide, on ajoute goutte à goutte 2 p. 100 environ d'acide acétique, en agitant après chaque addition, enfin on porte le liquide à l'ébullition en chauffant le vase à feu nu pendant quelques instants. Sous l'influence de cette ébullition, les flocons d'albumine se rétractent, et lorsque le liquide surnageant s'est bien éclairci, on procède à la filtration sur un petit filtre en papier suédois, préalablement desséché à 120-130° et pesé entre deux verres de montre (fig. 21, p. 52). A cet effet, on verse sur le filtre d'abord le liquide, puis on y fait ensuite tomber le précipité, en s'aidant d'une baguette de verre recouverte à son extrémité d'un petit bout de tube en caoutchouc, et on lave le précipité d'abord à l'eau chaude, ensuite avec de l'alcool concentré, et enfin avec de l'éther absolu. On porte alors le filtre et son contenu (placés sur l'un des verres de montre superposés) dans une étuve, où l'on opère la dessiccation à 120-130°, jusqu'à ce que le poids reste constant. Le poids trouvé, diminué de celui des verres de montre et du filtre, représente la quantité d'albumine renfermée dans le volume d'urine pris pour l'essai.

Méhu coagule l'albumine avec une solution de 10 gr. d'*acide phénique* cristallisé dans 20 gr. d'alcool à 90° et 10 gr. d'acide acétique du commerce. L'opération est effectuée de la manière suivante : On acidifie 100 c. c. d'urine (ou moins, si celle-ci est très riche en albumine) avec quelques gouttes d'acide acétique, puis on ajoute 2 c. c. d'acide azotique, on agite et on verse à l'aide d'une pipette 10 c. c. de la solution phéniquée. On agite de nouveau, on jette le liquide avec le précipité sur un filtre desséché et pesé, on lave avec de l'eau bouillante saturée d'acide phénique, on dessèche et on pèse.

b. Méthode d'Esbach. — *Esbach* coagule à froid, dans un tube de verre gradué, l'urine albumineuse au moyen d'une *solution d'acide picrique* préparée de la manière suivante :

Dans 800 ou 900 c. c. d'eau, on dissout à chaud 10 gr. d'acide picrique et 20 gr. d'acide citrique pur séché à l'air ; la dissolution achevée, on ajoute assez d'eau pour faire 1 litre de solution.

Le tube ou *albuminimètre* (fig. 29), dans lequel on opère la coagulation, porte dans sa moitié inférieure une graduation, qui exprime directement en grammes par litre la proportion d'albumine; de sorte qu'il suffit de lire à quel trait correspond la hauteur du coagulum pour connaître cette proportion. En outre, au-dessus de l'échelle des grammes se trouve un trait marqué U; c'est jusqu'à ce niveau que l'urine doit être versée; enfin, plus haut existe un dernier trait marqué R, qui indique où doit s'arrêter le réactif.

Pour faire une expérience, on verse doucement jusqu'au trait U de l'albuminimètre l'urine, préalablement acidulée avec quelques gouttes d'acide acétique, si elle n'est pas naturellement acide;

Fig. 29. — Albuminimètre d'Esbach.

puis on ajoute du réactif citro-picrique jusqu'au trait R. On bouche alors le tube avec le pouce et on le retourne complètement 10 à 12 fois. Cela fait, on ferme le tube à l'aide d'un bouchon de caoutchouc, on le place bien verticalement sur un support, et, le lendemain à la même heure, en lisant sur l'échelle la hauteur du dépôt, on connaît le nombre des grammes de l'albumine renfermée dans 1 litre de l'urine essayée. Lorsque celle-ci est très riche en albumine (lorsqu'elle en renferme plus de 4 ou 5 gr. par litre), il faut avoir soin avant l'expérience, pour obtenir un résultat plus exact, de la diluer de 1 ou 2 volumes d'eau, et on tiendra compte de cette dilution en doublant ou triplant le résultat.

L'albumine étant presque toujours accompagnée dans l'urine par la globuline, les quantités trouvées par l'une ou l'autre des méthodes précédentes représentent le poids de l'albumine proprement dite, plus celui de la globuline ou l'*albumine totale*. Si l'on veut connaître la proportion de chacune de ces deux substances, il faut donc, outre l'albumine totale, doser aussi la globuline (voy. § 118), et retrancher du poids de la première celui de globuline; la différence représente l'albumine proprement dite.

114. Maladies avec albuminurie. — L'apparition de l'albumine dans les urines ou l'*albuminurie* a toujours été considérée comme l'indice d'un état pathologique. Toutefois, suivant quelques observateurs (*Senator, Leube, Lépine, Capitan, Noorden*, etc.), on peut rencontrer des personnes qui éliminent par leurs urines pendant plusieurs années une certaine quantité d'albumine (15, 20, 30, 50 centigrammes et même 1 gr. en vingt-quatre heures), sans que leur santé en éprouve la moindre altération; d'autres individus, et c'est le plus grand nombre, ne sont albuminuriques que temporairement, et dans ce cas la nature des aliments ingérés et surtout l'exercice musculaire paraissent jouer un rôle considérable. Dans ces albuminuries (*albuminuries transitoires* ou *physiologiques*), ce ne serait pas, suivant *Jaccoud*, la sérine qui transsuderait, mais la globuline.

La maladie de Bright aiguë et chronique, la dégénérescence amyloïde et l'hyperhémie simple des reins, les affections fébriles et infectieuses (pneumonie, fièvres éruptives et typhoïde, diphtérie, choléra), l'empoisonnement par le phosphore et par l'arsenic, les maladies constitutionnelles (anémie, leucémie), le diabète, les affections du cœur qui occasionnent une stase sanguine générale, les tumeurs abdominales qui compriment la veine cave; l'éclampsie des enfants et des femmes enceintes, etc.; sont les principaux cas dans lesquels peut exister l'albuminurie.

Dans la maladie de Bright, l'urine renferme, indépendamment de l'albumine, des cylindres urinaires, de l'épithélium des canalicules rénaux et même quelquefois des globules sanguins (voy. §§ 194, 195 et 197); en outre, l'albuminurie persiste généralement pendant un temps assez long et est presque toujours accompagnée d'hydropisie.

Pendant le cours de certaines néphrites, l'albumine peut faire défaut d'une façon temporaire; mais, comme l'a fait remarquer récemment *Dieulafoy* [1], il peut aussi se passer des semaines, des mois, sans que l'on puisse constater dans l'urine la moindre trace de substances albuminoïdes, jusqu'au jour où, soit à l'occasion d'un mouvement fébrile ou d'un refroidissement, ces substances apparaissent d'une façon passagère, et si, se fiant aux analyses antérieures, on n'examine pas les urines à ce moment, on méconnaît la maladie de Bright. Dans ce cas, l'examen de l'urine au point de vue de sa toxicité fournit de précieux renseignements et permet même de se prononcer d'une manière positive sur la nature de l'affection. En effet, nous avons dit précédemment (§ 4) que, dans les néphrites, l'urine injectée dans les veines d'un lapin

---

[1] *La semaine médicale,* 16 mars 1887.

offre une innocuité remarquable qui tient évidemment à
ce que, dans ces maladies, les matériaux de déchet consti-
tutifs de l'urine sont retenus dans le sang ; ainsi, tandis
qu'une injection de 90 à 100 gr. d'urine normale tue un
lapin de 2 kilogr., il faut, pour obtenir le même résultat
sur un animal de même poids, avec l'urine d'un brigh-
tique, une quantité de ce liquide souvent plus de deux
fois plus grande.

Dans les albuminuries liées à l'existence d'une affection
rénale (*albuminuries néphrogènes*), l'albumine éliminée
serait, suivant *Bouchard*, différente de celle des albuminuries qui sont sous la dépendance d'une altération de
composition du liquide sanguin (*albuminuries dyscrasiques*).
Si, dit *Bouchard* [1], après avoir coagulé l'urine albumineuse
de la maladie de Bright, par exemple, on soumet le liquide
rendu opaque à l'action de la chaleur, on observe que le
coagulum se rétracte en flocons ou en grumeaux, dont le
volume, diminuant rapidement, laisse sourdre son contenu
liquide, de telle sorte qu'au bout de quelques instants
l'urine est redevenue transparente, bien que tenant en suspension des masses rétractées d'albumine, qui gagnent
bientôt le fond du tube. Cette rétraction de l'albumine
s'observe surtout quand celle-ci a été coagulée par l'acide
picrique ou l'iodure double de potassium et de mercure
(voy. § 111, *e*). Le même phénomène se présente quand, le
rein étant sain, l'albumine a filtré sous l'influence d'une
augmentation de la tension artérielle, ou quand l'urine
normale a été accidentellement mélangée avec des produits
albumineux de sécrétion vaginale, ou avec de l'albumine
ou du sérum. Mais si l'on fait agir la chaleur dans les cas

---

[1] *Maladies par ralentissement de la nutrition*, 2e édition, p. 207,
Paris, 1885.

où l'urine albumineuse est fournie par des personnes atteintes d'affections fébriles ou infectieuses, de maladies constitutionnelles ou ayant absorbé des substances toxiques, le liquide reste opalescent et l'on n'observe pas la rétraction du précipité, à moins que ces maladies soient compliquées de néphrite.

On peut également rencontrer de l'albumine dans l'urine lorsque du sang, du pus et du sperme sont éliminés en même temps que ce liquide. En pareil cas, l'urine renferme, outre l'albumine, des globules sanguins, des leucocytes ou des spermatozoaires. Mais cette *fausse albuminurie* peut coïncider avec l'existence d'une albuminurie vraie, et c'est ce qui a lieu lorsque, avec une quantité relativement peu considérable de globules sanguins, de leucocytes ou de spermatozoïdes (voy. §§ 192, 193 et 197), il existe une grande quantité d'albumine.

La *quantité d'albumine* éliminée dans les différentes maladies peut varier depuis moins de 1 gr. jusqu'à 20 et même 30 gr. en vingt-quatre heures. L'albuminurie est *légère*, lorsque cette quantité ne dépasse pas 2 gr., elle est *modérée* avec 6 à 8 gr., et *considérable* si elle s'élève à plus de 10 à 12 gr. On trouve très rarement des cas où des quantités d'albumine égales à 20 gr. et plus sont éliminées dans les vingt-quatre heures; ils constituent des exceptions et généralement ils sont de courte durée.

Globuline, fibrine, hémialbuminose, peptones et hémoglobine.

113. Globuline. — La globuline accompagne ordinairement l'albumine du sérum dans l'urine, mais elle peut aussi y exister isolément (*globulinurie*). Des deux globulines renfermées dans le plasma sanguin, c'est surtout la *paraglobuline* qui est éliminée par l'urine ; il est cependant probable que l'autre globuline (la *substance fibrinogène*) se rencontre aussi dans l'urine en même temps que la première, mais, comme cela a lieu dans le plasma, en proportion beaucoup moindre. La globuline a été trouvée en même temps que la sérine, dans l'urine de personnes atteintes de dégénérescence amyloïde des reins, de néphrite et de cystite aiguës.

116. *Propriétés.* — La globuline est insoluble dans l'eau et dans l'alcool, ainsi que dans les solutions saturées des sels neutres (sulfate de magnésium), mais elle se dissout dans les solutions étendues des alcalis, des carbonates et des phosphates alcalins, dans les solutions moyennement concentrées des sels neutres, et ces solutions dévient à gauche le plan de polarisation de la lumière et sont diffusibles. La globuline se comporte comme l'albumine en présence des acides minéraux, des sels métalliques et des autres réactifs de l'albumine.

117. *Recherche.* — On peut isoler la globuline de l'urine, préalablement neutralisée, si elle est acide, en dissolvant dans ce liquide jusqu'à saturation du sulfate de magnésium en poudre fine (environ 80 gr. pour 100 c. c.) ; ce sel ne précipite que la globuline en flocons qui se dissolvent facilement dans une solution de sel marin à 10 p. 100. On peut aussi, dans l'urine diluée jusqu'à une densité de 1002 ou 1003, faire passer bulle à bulle un courant d'acide carbonique ; au bout de vingt-quatre à quarante-huit heures, la globuline s'est complètement séparée sous forme d'un dépôt soluble dans le sel marin.

118. *Dosage.* — Ce dosage peut être effectué à l'aide du procédé suivant, indiqué par *Lépine* et modifié par *Ott ;* A 50 ou 100 c. c. d'urine filtrée et neutralisée jusqu'à réaction indifférente ou à peine acide, on ajoute un excès de

7.

sulfate de magnésium et l'on abandonne le mélange au repos après agitation ; au bout de quelque temps, on voit apparaître de petits flocons au sein du liquide. On verse alors le tout sur un filtre dont le poids est connu et on lave le précipité resté sur le filtre avec une solution saturée de sulfate de magnésium. Cela fait, on introduit le filtre et son contenu dans un petit ballon avec un peu d'eau, et on agite jusqu'à ce que la substance du filtre soit désagrégée et réduite à l'état de pâte à papier. On verse ensuite le contenu du ballon dans une capsule en porcelaine, et, pour rendre insoluble la globuline qui s'était redissoute partiellement ou totalement, on porte à l'ébullition, puis on verse le tout sur un nouveau filtre, taré et desséché à 100°, et, après lavage à l'eau bouillante, on dessèche à 100° et on pèse ; en retranchant du poids trouvé le poids du premier filtre et celui du second, on obtient la proportion de globuline contenue dans le volume d'urine pris pour l'analyse.

Comme nous l'avons dit précédemment (§§ 113 et 115), la globuline accompagne presque toujours la sérine dans les urines albumineuses, et elle est ordinairement beaucoup moins abondante que cette dernière. Mais, d'après les recherches d'*Estelle*, de *Faveret* et d'*Hoffmann*, elle subirait dans les néphrites une augmentation notable, coïncidant avec une diminution de la sérine, et, suivant ces mêmes observateurs, une globulinurie considérable indiquerait toujours un état général grave, tandis qu'une diminution dans l'élimination de la globuline serait au contraire le signe d'une amélioration de la maladie.

119. Fibrine. — Dans les inflammations intenses des reins ou des voies urinaires, ainsi que dans la chylurie, (voy. § 163), l'urine renferme souvent de la fibrine sous forme de coagula gélatineux, de fibrilles ou de flocons, et ces corps existent dans l'urine au moment même de son émission (la fibrine s'est alors coagulée dans les voies urinaires), ou bien au contraire ils n'y apparaissent qu'au bout d'un certain temps; dans ce dernier cas, si la quantité de fibrine est un peu grande, il se forme des coagula dans toute la masse de l'urine, et celle-ci se prend entièrement en gelée. Cette *urine coagulable* ne se rencontre que très rarement en Europe[1], mais on la voit plus fréquemment dans les pays chauds, où la chylurie est souvent accompagnée de *fibrinurie* (voy. § 163).

Pour reconnaître cette fibrine, on filtre l'urine et avec de l'eau on lave le dépôt retenu par le filtre; celui-là doit être insoluble dans les alcalis et les acides étendus, ainsi que dans une solution de sel marin à 5-10 p. 100.

120. Hémialbuminose. — L'*hémialbuminose* ou *propeptone* (un des premiers produits de la transformation des matières albuminoïdes par le suc gastrique) a été trouvée d'abord par *Bence-Jones*, puis par *Kühne* dans les urines de personnes atteintes d'ostéomalacie, et sa présence a été ensuite constatée dans plusieurs autres affections (albuminurie avec urticaire, tuberculose avec néphrite et péritonite, hémoglobinurie, etc.). Il est probable que cette substance doit exister souvent dans les urines albumineuses, mais on ne possède encore sur ce point que des données incertaines.

121. *Propriétés.* — L'hémialbuminose, qui se comporte comme l'albumine avec la plupart des réactifs de cette dernière, se dissout dans l'eau difficilement à froid, mais

---

[1] Dans certains cas de tumeurs villeuses de la vessie, Hofmann et Ultzmann ont observé une fibrinurie passagère; l'urine, colorée en rouge ou seulement en jaune rougeâtre faible, avait, au moment de son émission, la consistance ordinaire, mais au bout de quelques minutes elle se coagulait en une masse gélatineuse, au point qu'il était difficile de vider le vase qui la contenait.

facilement à l'ébullition, qui par suite ne la précipite pas (distinction d'avec l'albumine). Les solutions sont lévogyres et non diffusibles.

122. *Recherche.* — Lorsqu'on ajoute à une *urine contenant de l'albuminose, mais pas d'albumine ni de globuline,* un grand excès d'acide acétique, puis goutte à goutte une solution de ferrocyanure de potassium, il se produit un précipité ou un trouble, qui disparaissent à chaud et se reproduisent par le refroidissement (distinction d'avec le précipité d'albumine); les urines très riches en sels doivent être diluées avant l'essai. En saturant l'urine avec du sel marin, on obtient également un précipité d'hémialbuminose, qui augmente par l'addition d'acide acétique, et se dissout complètement à chaud en présence d'un grand excès de cet acide, puis reparaît par le refroidissement.

Si *l'urine renferme, en même temps que l'hémialbuminose, de l'albumine et de la globuline,* il faut, pour reconnaître la présence de la première, procéder de la manière suivante : on sature l'urine complètement ou à peu près par le sel marin, on ajoute un grand excès d'acide acétique, on fait bouillir et on filtre le liquide bouillant ; l'albumine et la globuline restent sur le filtre, tandis que l'hémialbuminose restée en dissolution se sépare par le refroidissement du liquide filtré, et on peut l'isoler par filtration pour la soumettre à l'essai par l'acide acétique et le ferrocyanure de potassium, après l'avoir dissoute dans l'eau.

123. **Peptones.** — Ces matières se rencontrent fréquemment dans l'urine à l'état pathologique, et elles s'y trouvent soit seules, soit en même temps que l'albumine du sérum. La *peptonurie* a été surtout observée dans les maladies qui entraînent une abondante production de pus

(empyème, abcès profonds, pneumonie croupale, méningite, etc.) [1], ainsi que dans l'empoisonnement aigu par le phosphore, dans le scorbut, le carcinome de l'estomac, la fièvre typhoïde, la fièvre puerpérale, etc.

124. *Propriétés*. — Les peptones se dissolvent facilement dans l'eau, difficilement dans l'alcool ; les solutions sont lévogyres et diffusibles ; la chaleur (distinction d'avec l'albumine et la globuline), le ferrocyanure de potassium en présence de l'acide acétique (distinction d'avec la globuline, l'albumine et l'hémialbuminose), les sels neutres, les acides minéraux et acétique (distinction d'avec l'albumine) ne précipitent pas les peptones, mais celles-ci sont précipitées par les acides phosphomolybdique et phosphotungstique en solution chlorhydrique, l'acide métaphosphorique, le tannin et l'acide picrique ; le bichlorure et l'azotate de bioxyde de mercure, l'iodure de mercure et de potassium, l'azotate d'argent et l'acétate de plomb en solutions ammoniacales les précipitent également ; enfin, les peptones donnent les réactions colorées de l'albumine (réactions de l'acide xanthoprotéique, du biuret, etc. ; voy § 110).

125. *Recherche*. — On procède comme il suit, d'après *Hofmeister* : On commence par filtrer l'urine (1/2 litre au moins), après l'avoir agitée avec un peu d'acétate neutre de plomb, afin d'éliminer la mucine et la décolorer. Cela fait, on mélange une portion du liquide filtré avec de

[1] Les exsudats inflammatoires et surtout les exsudats purulents renferment une grande quantité de peptones. Dans le pus récemment formé, celles-ci se trouvent principalement dans les leucocytes, tandis que le sérum n'en contient que fort peu ; mais quand l'exsudat existe depuis longtemps, les peptones sont mises en liberté par suite de la destruction des leucocytes, et, lorsqu'il y a résorption, elles passent dans le sang (peptonémie) et sont ensuite éliminées par les urines.

l'acide chlorhydrique concentré (5 à 10 p. 100), puis avec une solution acétique ou chlorhydrique d'acide phosphotungstique, jusqu'à ce qu'il ne se forme plus de précipité, et l'on filtre immédiatement. On lave le précipité sur le filtre avec de l'eau contenant 4 ou 5 volumes p. 100 d'acide sulfurique concentré, jusqu'à ce que le liquide filtre incolore, puis, lorsqu'il est encore humide, on le mélange intimement avec un excès d'hydrate de baryte solide; enfin, on le chauffe doucement avec un peu d'eau, jusqu'à ce que la masse, verte d'abord, ait pris une teinte jaunâtre, on filtre et on emploie le liquide filtré pour produire la *réaction du biuret.*

Dans ce but, on ajoute goutte à goutte au liquide barytique une solution très étendue de sulfate de cuivre; si les premières gouttes produisent une coloration rougeâtre, on continue l'addition du sel de cuivre, jusqu'à ce que la coloration violet rouge ait atteint son maximum d'intensité. (S'il n'y a pas de peptone, le liquide ne se colore qu'en vert ou vert bleuâtre.) On n'obtient pas toujours avec une netteté parfaite la coloration violette; la nuance peut n'être que rouge rosé ou violet gris, et même rouge jaunâtre, avec des traces de peptone.

Lorsque l'urine soumise à l'essai renferme de l'albumine, il faut d'abord l'éliminer *complètement* (l'urine ne doit pas être troublée par le ferrocyanure de potassium et l'acide acétique) par coagulation et filtration.

Le procédé que nous venons de décrire donne toujours d'excellents résultats, mais il exige des manipulations un peu longues, qui s'opposent à son emploi pour les recherches cliniques journalières.

Pour ce dernier usage, on peut, d'après *Johnson*, précipiter l'urine par l'acide picrique, et si le précipité se redissout dans l'acide azotique, ainsi que lorsqu'on chauffe le liquide près de son point d'ébullition, l'urine essayée renferme des peptones. Comme le précipité produit dans les solutions d'albumine (et de globuline) ne se redissout pas à chaud (ni dans l'acide azotique), on peut, lorsque l'urine renferme à la fois des peptones et de l'albumine, séparer celles-ci de celle-là en filtrant le liquide très chaud ; les peptones passent alors dans le liquide filtré et l'albumine reste sur le filtre. On pourrait aussi, dans le cas de la présence de l'albumine, coaguler celle-ci tout d'abord par la chaleur seule, et dans le liquide filtré rechercher ensuite les peptones au moyen de l'acide picrique.

Le procédé de *Johnson* est, comme on le voit, très rapide, mais si l'urine renferme des alcaloïdes (quinine, etc.), comme cela a lieu à la suite de l'administration de ces corps, elle donne également, en l'absence de peptones, un précipité soluble à chaud.

126. **Hémoglobine**. — Il arrive quelquefois que l'urine présente une coloration rouge de sang, sans que pour cela on puisse y découvrir, à l'aide du microscope, des globules sanguins, ou si elle en renferme, ce n'est qu'en quantité extrêmement faible. En pareil cas, la matière colorante rouge des globules sanguins, l'*hémoglobine*, qui est une matière albuminoïde, se trouve en dissolution dans l'urine.

Ce phénomène, qui constitue l'*hémoglobinurie*, s'observe notamment dans les fièvres exanthématiques et typhoïdes, la fièvre bilieuse hématurique des pays chauds (fièvre hémoglobinurique), dans certains empoisonnements (par l'hydrogène arsénié, l'hydrogène sulfuré, les acides chlorhydrique, sulfurique, phosphorique et pyrogallique, les chlorates), les brûlures profondes et étendues de la peau, etc., mais il se présente aussi comme affection spéciale, idiopathique, survenant par accès sous l'influence du froid sur la peau et surtout sur les pieds, et dont les cas graves sont souvent accompagnés d'ictère (*hémoglobi-nurie périodique*, *hiémale* ou *paroxystique*).

La matière colorante du sang qui, dans les affections que nous venons de citer, se trouve dissoute dans l'urine, est l'*oxyhémoglobine*; mais primitivement il n'existerait, suivant *Hoppe-Seyler*, que de la *méthémoglobine*, qui peu à peu se transformerait en la combinaison oxygénée de l'hémoglobine. Lors-que l'urine est colorée en rouge par suite d'hémorrhagie des reins ou des voies urinaires, on y ren-contre aussi beau-coup d'hémoglobine, mais alors celle-ci est renfermée dans les globules, qui sont très abondants, et non en dissolution (voy. § 197).

127. *Propriétés.* — L'oxyhémoglobine présente une belle couleur rouge, elle est soluble dans l'eau, insoluble dans l'al-cool concentré et cris-tallisable (fig. 30). Ses

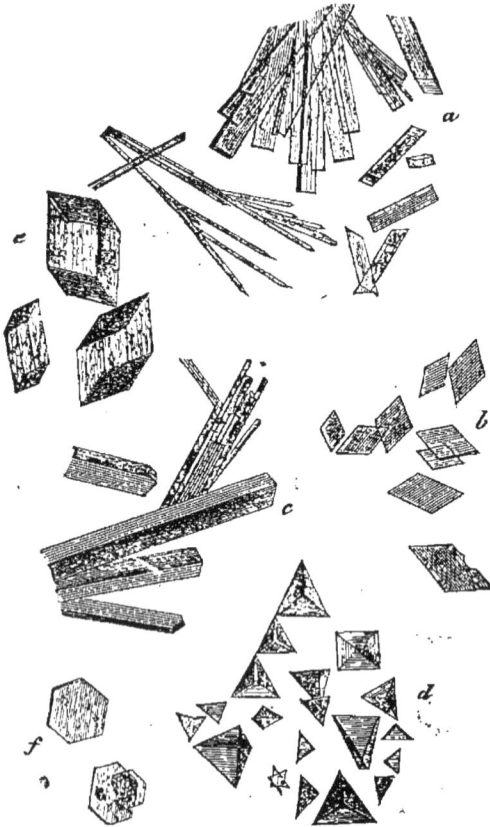

Fig. 30. — Cristaux d'hémoglobine; *a* et *b* de l'homme, *c* du chat, *d* du cochon d'Inde, *e* du cheval, *f* de l'écureuil.

solutions offrent une coloration rouge clair, encore nettement apparente même à une grande dilution; examinées au spectroscope, elles montrent deux

raies d'absorption, l'une α, étroite et sombre, entre D et
D 19 E, et une autre β, plus large, entre D 54 E et D 87 E.
Chauffées au-dessus de 100°, les solutions aqueuses d'hémoglobine se coagulent et donnent un précipité brun d'albumine coagulée et d'hématine.

128. *Recherche.* — Les urines qui renferment de l'hémo-

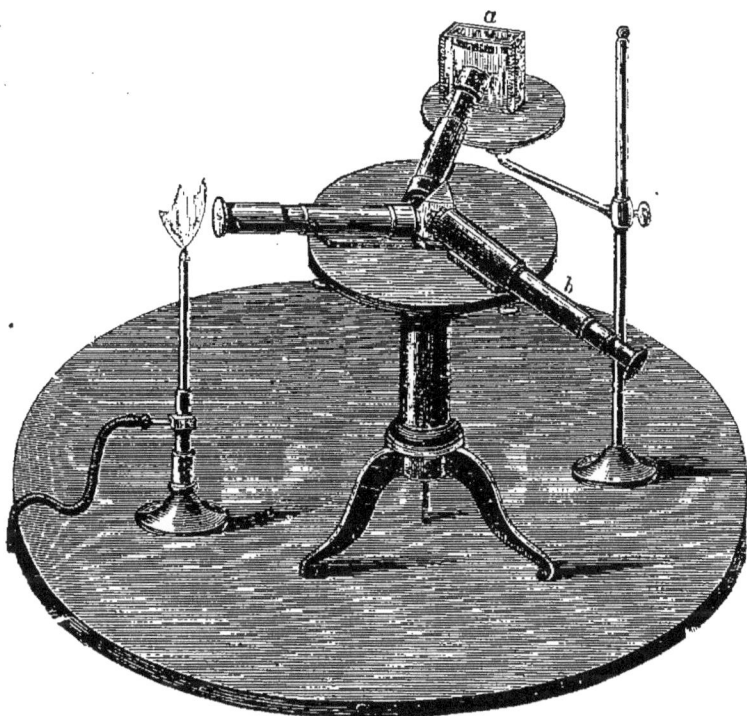

Fig. 31. — Spectroscope.

globine en dissolution peuvent présenter une coloration
rouge, brun rouge, noir brun ou même noire ; elles peuvent
être transparentes ou, au contraire, opaques, si la quantité
d'hémoglobine est considérable ; elles sont coagulables par
la chaleur, mais le coagulum diffère de celui que donnent
les urines albumineuses, en ce que, au lieu d'être en
flocons se précipitant peu à peu, il forme immédiatement

une masse cohérente, brunâtre, surnageant le liquide, qu'on peut enlever d'une seule pièce, et qui est décolorée par l'alcool chaud additionné d'acide sulfurique.

La recherche de l'hémoglobine dissoute dans l'urine peut être effectuée à l'aide du spectrocospe de la manière suivante : Dans une petite cuve en verre à parois parallèles (*a*, fig. 31), on verse un échantillon de l'urine (acidifiée légèrement avec de l'acide acétique, si elle est alcaline) et on place le vase devant la fente du spectroscope, éclairé à l'aide d'une lampe à gaz ou à pétrole, puis on regarde par la lunette *b* : si l'urine essayée renferme de l'hémoglobine, on voit les deux raies d'absorption α et β, caractéristiques de l'oxyhémoglobine. Lorsque l'urine contient d'autres matières colorantes, comme la méthémoglobine, l'urobiline et les pigments biliaires, toujours nuisibles à la netteté de la réaction, on les précipite par l'acétate basique de plomb et l'ammoniaque, qui laissent l'hémoglobine en dissolution.

Une urine contenant de l'hémoglobine donne, si on la fait bouillir avec une lessive de soude, un précipité floconneux d'hématine, offrant une belle couleur rouge de sang.

Glycose ou sucre de diabète.

L'excrétion du *glycose* par les urines ou la *glycosurie* (*melliturie*) n'est quelquefois qu'un symptôme secondaire, que l'on peut observer dans différentes maladies; mais elle constitue fréquemment une affection spéciale, idiopathique, désignée sous le nom de *diabète sucré* ou *glycosurique* (voy. § 137).

129. **Propriétés.** — Le glycose (*dextrose, sucre de raisin, sucre de diabète*), $C^6H^{12}O^6$, cristallise en sphérules compo-

sées, le plus souvent, de lamelles polygonales incolores, à contours bien nets (fig. 32). Il est très soluble dans l'eau, peu soluble dans l'alcool, insoluble dans l'éther. Les dissolutions dévient *à droite* le plan de polarisation de la lumière, et elles donnent les réactions suivantes, qui sont utilisées pour la recherche ou le dosage du glycose :

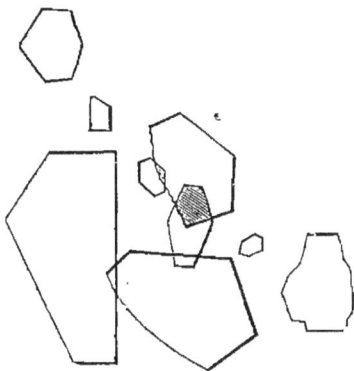

Fig. 32. — Glycose.

a. Chauffées avec une lessive de potasse ou de soude, elles se colorent en jaune ou en brun foncé, suivant la teneur du mélange en sucre et en alcali. (*Réaction de Moore-Heller.*)

b. Si à une solution de glycose on ajoute un grand excès de potasse ou de soude, puis du sulfate de cuivre, on obtient une liqueur alcaline bleue, qui, si on la chauffe, donne immédiatement un précipité jaune ou rouge de protoxyde de cuivre. (*Réactions de Trommer, de Fehling, de Worm-Müller.*)

c. Une solution peu concentrée d'acétate de cuivre, additionnée de 1 p. 100 d'acide acétique, puis de glycose, et portée à l'ébullition, donne un précipité de protoxyde de cuivre. (*Réaction de Barfoed.*)

d. Si l'on chauffe à l'ébullition pendant quelque temps une solution de glycose mélangée avec une solution de soude caustique ou carbonatée, puis additionnée d'un peu d'azotate basique de bismuth, le bismuth est réduit, et il se produit une coloration noire. (*Réaction de Böttger.*)

e. Si l'on fait bouillir une solution de glycose avec une solution de sulfate d'indigo sursaturée par le carbonate de sodium, le mélange, d'abord bleu, se décolore en passant par le violet, le rouge pourpre, le rouge, le jaune et le jaune pâle, et, après refroidissement et agitation à l'air, il redevient bleu, en repassant, mais en sens inverse, par la même série de colorations. (*Réaction de Mülder.*)

f. Mises en contact avec de la levure de bière, les solutions de glycose fermentent immédiatement, en produisant de l'alcool et de l'acide carbonique.

130. Extraction du glycose de l'urine diabétique. — On évapore l'urine au bain-marie, jusqu'à ce qu'elle ait pris la consistance d'un sirop épais, et on abandonne le résidu à lui-même dans un lieu frais ; au bout de quelques jours, il s'est déposé des cristaux jaunâtres mamelonnés. En traitant ces cristaux par l'alcool absolu, on élimine l'urée et les matières extractives, puis on les dissout dans l'alcool bouillant, et on laisse évaporer la solution ; le sucre reste dans un état de pureté assez grande, et si l'on veut l'avoir encore plus pur, on le fait cristalliser plusieurs fois dans l'eau.

131. Recherche. — Les urines émises par les personnes atteintes de glycosurie idiopathique (diabète glycosurique) sont généralement abondantes (4 à 6 litres et même plus dans les vingt-quatre heures), peu colorées (surtout lorsqu'il y a polyurie), et leur densité est presque toujours supérieure à la normale (elle peut s'élever jusqu'à 1,040 et au delà) ; elles n'ont pas d'odeur spéciale, elles ont plutôt perdu en partie celle de l'urine normale, mais, par la fermentation spontanée, elles peuvent acquérir une odeur très caractéristique d'aldéhyde et d'alcool ; leur saveur est généralement sucrée et leur réaction, acide au moment de l'émission, est surtout prononcée lorsque la quantité du sucre est considérable. Lorsqu'on les fait bouillir, les urines sucrées donnent parfois une mousse

abondante, ne disparaissant que lentement; enfin, en s'évaporant, elles laissent un résidu blanchâtre exhalant une
odeur acide et souvent celle de l'aldéhyde, de sorte que
lorsque quelques gouttes d'urine tombent sur les vêtements, il en résulte des taches blanchâtres très visibles,
que ni la brosse ni la benzine ne peuvent enlever complètement, mais que l'eau peut dissoudre.

La recherche du sucre dans les *urines diabétiques*, qui
en renferment toujours des quantités assez grandes, n'offre
pas de grandes difficultés; elle peut être effectuée à l'aide
des réactions suivantes :

a. Réaction de Moore-Heller. — On mélange l'urine avec
environ la moitié de son volume d'une solution de potasse
concentrée et on porte le mélange à l'ébullition. S'il y a
du sucre, le liquide prend une coloration jaune brunâtre,
plus ou moins foncée, disparaissant par l'addition d'un
acide en excès, et en même temps il dégage une odeur de
caramel. Lorsque la coloration produite par la potasse
n'est pas prononcée, et surtout lorsque l'odeur de caramel
ne se fait pas sentir, le résultat n'est pas absolument probant, parce que souvent l'urine normale, traitée de la
même manière, prend également une teinte brune plus ou
moins foncée; en outre, les urines qui renferment les pigments de la rhubarbe et du séné se colorent, même à
froid, en brun rouge, sous l'influence de la potasse. Il est
donc toujours préférable de recourir à d'autres réactions.

b. Réactions de Trommer, de Fehling et de Worm-Müller.
— Ces trois réactions reposent sur la réduction exercée
par le glycose sur les sels de bioxyde de cuivre en solution alcaline (§ 129, *b*).

Suivant *Trommer*, on ajoute à l'urine filtrée une quantité de lessive de potasse ou de soude suffisante pour la
rendre fortement alcaline, puis on y verse goutte à goutte,

en agitant, une solution de sulfate de cuivre (à 10 p. 100), jusqu'à ce que le précipité gris bleuâtre d'hydrate de bioxyde de cuivre qui se forme cesse de se dissoudre, et on chauffe de façon que le mélange commence à bouillir. Dans le cas de la présence du sucre, on voit apparaître vers la partie supérieure du liquide un précipité jaune ou rouge de protoxyde de cuivre. On cesse alors de chauffer, et, la réaction se continuant d'elle-même, le précipité augmente de plus en plus et le liquide, d'abord bleu, n'offre plus bientôt qu'une teinte jaunâtre, si la quantité de glycose contenue dans l'urine est suffisante pour réduire tout le sel de cuivre ajouté.

Dans le procédé de *Fehling*, le réactif consiste en une solution alcaline de cuivre, contenant du bitartrate de potassium ; dans ce liquide (*liqueur de Fehling* [1]), qui sert également pour le dosage du glycose, l'alcali et le sulfate de cuivre sont par conséquent mélangés à l'avance et maintenus en dissolution par le sel de tartre. Pour faire une expérience, on chauffe, jusqu'à ébullition commençante, quelques centimètres cubes de liqueur de Fehling *fraîchement préparée* et étendue d'eau, puis on y ajoute l'urine goutte à goutte, et l'on voit immédiatement se former un précipité de protoxyde de cuivre, si l'urine renferme du sucre.

Le procédé de *Worm-Müller* n'est qu'une modification de celui de *Fehling*. Dans un tube à essais, on chauffe à l'ébullition 5 c. c. d'urine et en même temps, dans un autre tube, on chauffe aussi à l'ébullition 2 ou 3 c. c. d'une solution de sulfate de cuivre à 2,5 p. 100 et 2,5 c. c. d'une solution alcaline de sel de Seignette (contenant 10 gr. de ce sel et 4 gr. de soude p. 100 d'eau). Après une demi-

_____

[1] Voy., pour la composition de cette liqueur, § 133.

minute environ d'ébullition, on cesse de chauffer, et on mélange le contenu des deux tubes, sans agiter, en versant le réactif dans l'urine. Le mélange prend alors une coloration bleu verdâtre, mais il ne tarde pas à se décolorer et l'on voit apparaître un précipité de protoxyde de cuivre hydraté, finement divisé, qui ordinairement reste en suspension dans le liquide pendant plusieurs heures (tandis que le précipité de phosphates, qui habituellement se produit en même temps, se dépose au bout de quelques minutes). Ce procédé est plus sensible et plus sûr que les deux précédents ; il permet en effet de découvrir jusqu'à 0,025 p. 100 de glycose, et une urine ne contenant pas de sucre n'est que très rarement modifiée par la solution de cuivre employée comme il vient d'être dit.

Lorsque l'urine renferme de l'*albumine*, il faut, avant de procéder à la recherche du sucre, éliminer cette substance, qui entrave la réduction du bioxyde de cuivre. Dans ce but, on peut chauffer à l'ébullition l'urine légèrement acidifiée par l'acide acétique et séparer par filtration le coagulum albumineux.

On peut aussi précipiter l'albumine par l'acétate basique de plomb, qui a l'avantage d'enlever en même temps l'acide urique et les autres substances azotées exerçant sur les solutions de bioxyde de cuivre une action réductrice et pouvant par suite induire en erreur. L'urine, albumineuse ou non, ainsi traitée et débarrassée de l'excès du sel de plomb par le carbonate de sodium, puis filtrée, donnera toujours une réaction très nette, si elle ne renferme pas des quantités de sucre trop minimes.

On peut également recommander, afin d'augmenter encore la netteté de la réaction, de décolorer l'urine à l'aide de noir animal, employé en poudre fine et lavé avec soin à l'acide chlorhydrique et à l'eau ; à cet effet, on agite simplement l'urine avec un peu de noir et on la filtre; ou bien on remplit un filtre avec du noir, puis on arrose ce dernier avec une quantité d'urine suffisante pour obtenir une masse épaisse, et au milieu de celle-ci on creuse une excavation, dans laquelle on verse l'urine; de cette façon la décoloration est beaucoup plus parfaite et on élimine en même temps le pigment et l'acide urique.

Si l'urine renferme des *sels ammoniacaux*, par suite d'un commencement de décomposition, il faut, avant de la soumettre à l'action de la solution alcaline de cuivre, la faire bouillir avec un peu de lessive de soude, jusqu'à ce qu'il ne se dégage plus d'ammoniaque.

Il arrive quelquefois que le glycose des urines diabétiques est partiellement ou totalement remplacé par de la *dextrine;* dans ce cas, l'urine ne réduit la solution alcaline de cuivre qu'après une ébullition prolongée (*Reichardt*).

A la suite de l'usage interne de la *térébenthine*, l'urine renferme des quantités relativement considérables d'une substance qui, de même que le glycose, réduit la solution alcaline de cuivre, mais serait sans action sur la lumière polarisée. Pour s'assurer que la réduction constatée est bien produite par du sucre et non par cette substance seule, dans le cas où de la térébenthine a été prise par le malade dont on essaye l'urine, on mélange celle-ci avec 5 p. 100 d'acide chlorhydrique concentré et, après un repos de un ou deux jours, on procède à un nouvel essai. Si maintenant il y a encore réduction, on peut être certain que l'urine renferme du glycose, parce que sous l'influence de l'acide chlorhydrique la substance provenant de la térébenthine perd ses propriétés réductrices. (*J. Vetlesen.*)

L'usage du *copahu* fait également passer dans les urines une substance réductrice, se colorant en rose, puis en violet par l'acide chlorhydrique, et déviant à gauche la lumière polarisée. Dans ce cas, l'urine traitée ou non par l'acide chlorhydrique réduit les solutions alcalines de cuivre; toutefois, après l'action de cet acide, si le sucre est absent, la réduction a lieu avec une certaine difficulté. (*Quincke.*)

c. Le procédé suivant, recommandé par *Fisher, Jaksch* et *Gioccio*, donnerait également d'excellents résultats : Dans une capsule en porcelaine, on chauffe au bain de sable, pendant vingt minutes, 1 partie de phénylamine, 15 parties d'acétate de sodium et 20 parties d'urine; on laisse refroidir et reposer pendant un quart d'heure. Au bout de ce temps, il s'est formé, si l'urine essayée renferme du sucre, un précipité qui, examiné au microscope, se montre composé de groupes d'aiguilles cristallines, colorées en jaune.

On a également appliqué à la recherche du glycose dans l'urine les *réactions de Böttger et de Mülder;* mais elles donnent des résultats trop incertains pour qu'on puisse les recommander (voy. § 129, *d* et *e*).

Lorsque l'urine ne renferme que de *faibles quantités de sucre*, comme dans les cas de glycosurie symptomatique et de diabète très léger, on n'obtient pas toujours avec les réactions précédentes des résultats positifs. Il faut alors avoir recours à d'autres moyens, parmi lesquels l'*examen de l'urine au saccharimètre* donnera presque constamment des indications certaines (voy. §§ 134 et 135). On sait que l'urine normale dévie très légèrement à gauche la lumière polarisée (voy. § 4); si donc la quantité du glycose, qui est dextrogyre, est plus que suffisante pour contre-balancer cette déviation, on pourra admettre, en présence d'une rotation droite même faible, que l'urine examinée renferme du sucre.

Si l'examen saccharimétrique ne conduit à aucun résul-

8

tat, on pourra essayer d'isoler le sucre de l'urine d'après le procédé suivant, dû à *Salkowski* : On mélange bien intimement 100 c. c. d'urine avec 50 c. c. d'une solution de sulfate de cuivre (contenant par litre 199,52 gr. de sel cristallisé) et 88 c. c. de soude normale ; on abandonne le mélange à lui-même pendant 20 à 25 minutes, puis on l'étend avec 500 c. c. d'eau et l'on filtre. Une fois le liquide écoulé, on étale le filtre sur du papier buvard, afin d'absorber ce qui reste de liquide, puis on dissout le précipité dans 250 c. c. d'acide chlorhydrique étendu (1 vol. d'acide à 1,12 et 9 vol. d'eau), on élimine le cuivre au moyen d'un courant d'hydrogène sulfuré, on sature exactement le liquide filtré avec du carbonate de sodium et on l'évapore à 100 c. c.

La solution ainsi obtenue, qui renferme tout le sucre que pouvait contenir l'urine, réduira très nettement les liqueurs alcalines de cuivre et donnera à l'examen au saccharimètre une déviation à droite plus ou moins forte ; en outre,

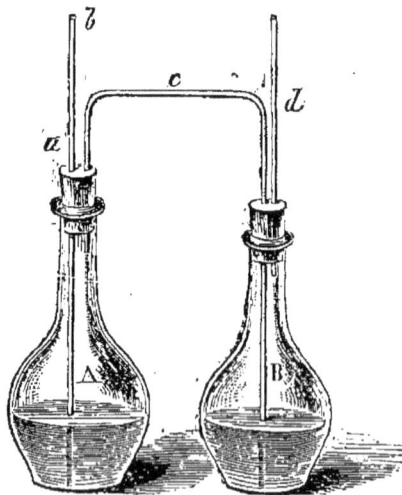

Fig. 33. — Appareil à fermentation.

si on la soumet à la fermentation en la mélangeant avec un peu de levure de bière, elle dégagera de l'acide carbonique (voy. § 129, *f*). L'expérience peut être effectuée dans le petit appareil représenté par la figure 33. A est un ballon de verre dans lequel on verse la solution de sucre avec la levure ; ce ballon communique, au moyen du tube c, avec un autre ballon B un peu plus petit et rempli à moitié avec de l'eau de chaux ou de baryte ;

l'orifice *b* du tube *a* est fermé avec une petite boule de circ. L'appareil ainsi disposé, étant chauffé à 15 ou 20°, on voit bientôt le contenu de A se troubler et dégager des bulles d'acide carbonique, dont on reconnaît la nature au trouble ou au précipité qu'elles produisent en passant à travers l'eau de chaux ou de baryte contenue dans B. Pour être certain que l'acide carbonique ne provient pas de la décomposition de la levure, il est convenable de faire la même expérience en employant de l'eau pure à la place de la solution que l'on suppose contenir du sucre.

132. **Dosage**. — Le dosage du glycose peut être effectué par l'une des méthodes suivantes : la méthode chimique, la méthode optique ou polarimétrique et la méthode urométrique (approximative).

133. MÉTHODE CHIMIQUE. — Cette méthode est basée sur la réduction par le glycose du bioxyde de cuivre en solution alcaline (voy. § 129, *b*).

Préparation de la solution alcaline de cuivre ou liqueur de Fehling. — Dans environ 200 gr. d'eau, on dissout 34,639 gr. de sulfate de cuivre pur, cristallisé et sec ; d'un autre côté, on dissout 173 gr. de sel de Seignette dans 500 à 600 gr. de lessive de soude caustique à 1,17 de densité, et on ajoute peu à peu, en agitant, cette solution à la solution de sulfate de cuivre ; on étend ensuite le mélange à 1 litre. On obtient ainsi une liqueur d'un beau bleu, dont 10 c. c. sont exactement réduits par 0,05 gr. de glycose. Pour la conserver, il faut la diviser dans plusieurs petits flacons de 75 à 100 gr., que l'on bouche avec soin et que l'on place à la cave. Malgré cette précaution, la liqueur de *Fehling* ne conserve pas son titre pendant un temps très long ; aussi est-il préférable de ne mélanger les substances qui la composent qu'au moment de s'en servir.

On prépare alors les solutions suivantes : 1° une solution de sulfate de cuivre contenant par litre 103,92 gr. de ce sel; 2° une solution de sel de Seignette à 320 gr. par litre, à laquelle on ajoute un peu d'acide phénique, afin de l'empêcher de se couvrir de moisissures, et 3° une lessive de soude à 1,17 de densité. On conserve ces trois solutions séparément dans des flacons bien bouchés, et, lorsqu'on veut procéder à un dosage de glycose, on en mesure exactement des volumes égaux, que l'on mélange bien par agitation.

Pratique de l'analyse. — Pour obtenir des résultats exacts, l'urine, préalablement filtrée, doit être étendue de façon qu'elle contienne tout au plus 1 p. 100 de sucre; il faut donc tout d'abord déterminer approximativement la teneur en sucre de l'urine; c'est ce que l'on peut faire facilement et rapidement à l'aide de la méthode de *Bouchardat* (voy. § 136), et en se basant sur le résultat obtenu pour la quantité d'eau à ajouter. Cela fait, on verse l'urine étendue dans une burette graduée en dixièmes de centimètre cube. On mesure ensuite dans un petit ballon 10 c. c. de solution de *Fehling*, on y ajoute 40 c. c. d'eau, et dans le mélange, chauffé à l'ébullition, on fait couler goutte à goutte l'urine diluée contenue dans la burette. On voit se produire un précipité de protoxyde de cuivre rouge (protoxyde anhydre) ou jaune (protoxyde hydraté), qui augmente à mesure que l'on ajoute plus d'urine; en même temps, la solution de cuivre se décolore, et lorsque la décoloration est complète, c'est-à-dire lorsque la coloration bleue primitive a complètement disparu (le liquide offre alors une nuance jaunâtre), tout le cuivre de la liqueur est précipité et l'opération est terminée.

Pour s'assurer qu'il en est ainsi, on filtre rapidement le liquide, puis on en fait bouillir une portion avec de la liqueur de *Fehling* et une autre avec de l'urine diluée;

dans aucun cas, il ne doit se former de précipité; si au contraire il s'en forme un, c'est qu'on a ajouté, dans le premier cas, trop d'urine et dans le second pas assez; il faut alors recommencer l'expérience en procédant cette fois avec plus de précaution; du reste, avec un peu d'habitude, on arrive à saisir facilement le moment où la décoloration est complète, et, pour plus d'exactitude, on peut faire successivement plusieurs essais et prendre la moyenne des résultats obtenus.

Voici maintenant comment on effectue le calcul du résultat final de l'analyse : on a étendu 10 c. c. d'urine, par exemple, avec 50 c. c. d'eau, et il a fallu employer de cette urine diluée 9 c. c. = 1,5 c. c. d'urine naturelle, pour réduire le cuivre de 10 c. c. de liqueur de *Fehling* (lesquels correspondent à 0,05 gr. de glycose); 1,5 c. c. d'urine renferme donc 0,05 gr. de glycose, ce qui fait par litre 33,33 gr.

Il arrive quelquefois que le précipité de protoxyde de cuivre ne prend pas une cohérence suffisante pour se déposer, malgré une ébullition prolongée; le liquide reste alors trouble et il est difficile de saisir le moment où la décoloration est complète. Dans ce cas, il faut recommencer l'expérience avec l'urine traitée, d'après *Marty*, de la manière suivante, par l'acétate basique de plomb : à 10 c. c. d'urine, versés dans une éprouvette graduée, on ajoute un peu de sel de plomb, on agite, on laisse reposer et, afin d'éliminer le plomb, on verse d'une solution étendue de carbonate de sodium une quantité suffisante pour avoir un volume égal à 50 c. c.; on mélange et l'on filtre. L'urine ainsi traitée se trouve diluée au cinquième et toute prête pour le dosage du glycose.

Lorsque la proportion du glycose est inférieure à 0,5 p. 100, l'influence des substances nuisibles à la réduction se fait sentir à un très haut degré et le dosage est ainsi rendu inexact; c'est pour cela que l'on doit toujours recommander, en pareil cas, d'éliminer ces substances en soumettant préalablement l'urine à un traitement par l'acétate de plomb effectué comme il vient d'être dit. Enfin, ce même traitement est également nécessaire lorsque l'urine renferme de l'albumine ; celle-ci peut, il est vrai, être aussi précipitée par coagulation à l'aide de la chaleur, mais l'emploi du sel de plomb doit être préféré, à moins que l'on ait affaire à une urine ayant subi un commencement de décomposition et contenant par suite des composés ammoniacaux, car, en présence de l'ammoniaque, une certaine quantité de sucre passe dans le précipité plombique.

134. MÉTHODE OPTIQUE OU POLARIMÉTRIQUE. — Cette méthode repose sur l'emploi d'appareils, désignés sous les noms de *saccharimètres* et de *diabétomètres*, dont la construction est basée sur la propriété que possèdent les solutions sucrées de dévier, à droite ou à gauche, suivant la nature du sucre dissous, le plan de polarisation de la lumière proportionnellement à leur richesse. Comme nous l'avons déjà dit, la déviation a lieu à droite pour le glycose (§ 129), ainsi que pour la lactose (§ 140) et le sucre de canne, et à gauche pour la lévulose (§ 139).

Il existe un grand nombre de saccharimètres; les uns sont disposés pour doser aussi bien le glycose que le sucre de canne (*saccharimètres de Soleil-Duboscq, saccharimètres à pénombres, saccharimètres à franges*), tandis que les autres, qui portent le nom de diabétomètres (*diabétomètres de Robiquet* et d'*Yvon-Duboscq*), sont construits spécialement pour le dosage du glycose dans l'urine.

Dans ce qui va suivre, nous nous bornerons à l'indication de la manière d'opérer avec les différents faccharimètres, et nous renverrons pour la théorie et la description de ces instruments aux traités de physique, et notamment à ceux de *Ganot* et de *Gariel et Desplats* [1].

Saccharimètre de Soleil-Duboscq. — L'appareil (fig. 34 et

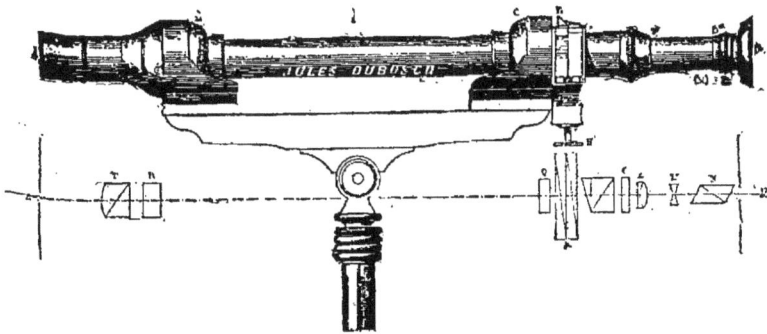

Fig. 34. — Saccharimètre de Soleil-Duboscq.

35) étant disposé dans une chambre noire, l'extrémité A tournée vers une source lumineuse (lampe à huile ou à

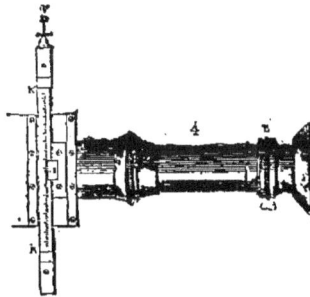

Fig. 35.

gaz), on place entre les parties fixes A et D le tube mobile BC, préalablement rempli d'eau pure, qui accompagne le saccharimètre. Cela fait, on applique l'œil en D, puis on enfonce ou on retire DD', jusqu'à ce qu'on voie distinctement un disque partagé en deux moitiés égales, séparées l'une de l'autre par une ligne noire verticale. Si, comme

[1] *Eléments de physique médicale,* 2º édit., p. 724.

cela arrive le plus souvent, les deux demi-disques ne sont pas également colorés, on tourne le bouton H dans un sens ou dans l'autre, jusqu'à ce que ces deux demi-disques présentent une teinte parfaitement identique. Si maintenant on fait tourner l'anneau M, la couleur des deux demi-disques change sans cesse et ne revient la même qu'après un demi-tour; si l'on regarde attentivement, on s'aperçoit que parmi les différentes couleurs observées il en est une qui permet une appréciation plus parfaite de l'égalité de teinte des demi-disques; cette teinte, qui est ordinairement le *bleu violacé* ou *gris de lin*, constitue ce qu'on appelle la *teinte sensible*, et c'est avec elle que l'on devra toujours produire l'uniformité de coloration des deux demi-disques. Cette uniformité une fois obtenue, on s'assure si le zéro de la règle divisée RR' coïncide exactement avec le trait I de l'indicateur (fig. 35); s'il n'en est pas ainsi, on établit la coïncidence en faisant tourner le bouton V dans un sens ou dans l'autre.

L'appareil étant ainsi réglé, on substitue au tube à eau un autre tube semblable rempli avec l'urine à analyser, préalablement décolorée et clarifiée (voy. § 135), puis, regardant en D, on voit que l'uniformité de teinte n'existe plus, que les deux demi-disques sont colorés de nuances différentes. On fait alors tourner le bouton H, jusqu'à ce que les deux nuances soient redevenues parfaitement identiques. Il ne reste plus maintenant qu'à lire sur la règle RR' à quelle division correspond le trait I de l'indicateur, et le nombre lu, multiplié par 2,256, donne en grammes la quantité de glycose contenue dans un litre d'urine (voy. § 135).

Le *diabétomètre de Robiquet* offre en principe une construction analogue à celle du saccharimètre de *Soleil-Duboscq*, seulement sa graduation est disposée de telle sorte que chaque division correspond à 1 gr. de glycose par litre d'urine.

Saccharimètre à pénombres. — Avec le saccharimètre à pénombres l'observation se fait en établissant, non plus

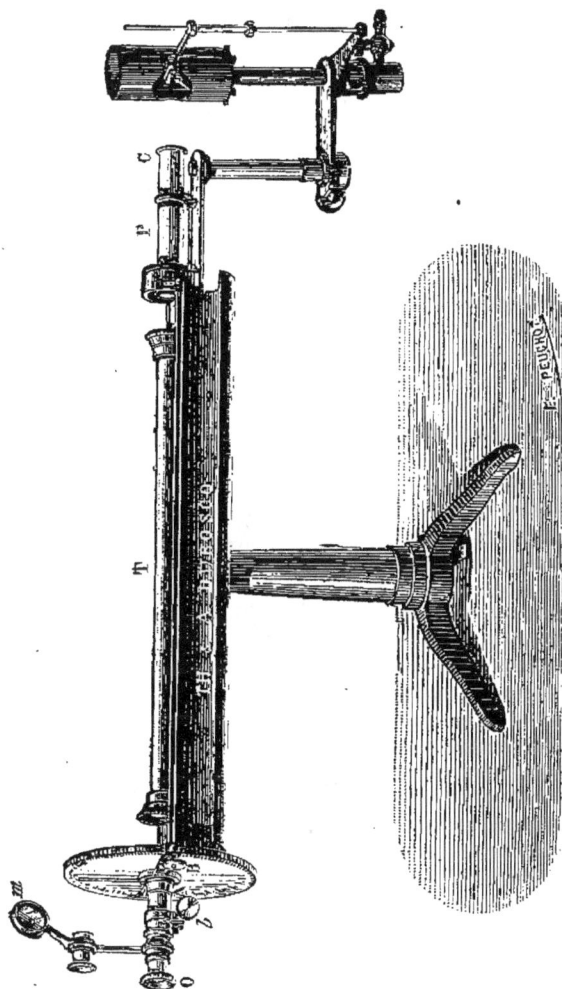

Fig. 36. — Saccharimètre à pénombres de Th. et A. Duboscq.

l'identité de deux colorations, ce qui n'est pas également facile pour tous les yeux, mais l'égalité des ombres de deux demi-disques, primitivement éclairés inégalement. La difficulté résultant de l'appréciation des couleurs se trouve ainsi écartée, et le dosage gagne beaucoup en exactitude. Mais cet appareil exige l'emploi d'une lumière monochromatique, qu'il est d'ailleurs facile d'obtenir en introduisant dans la flamme d'une lampe à gaz un peu de sel marin fondu contenu dans une petite cuiller en platine.

La figure 36 représente un saccharimètre à pénombres, avec lampe à gaz salé, construit par *Th.* et *A. Duboscq.* Pour faire une expérience, on commence par régler l'appareil, et, à cet effet, on met en place le tube mobile T rempli d'eau, on amène le zéro du vernier en coïncidence avec le zéro de l'échelle tracée à la partie supérieure du cadran A, puis, regardant en O, on retire ou on enfonce plus ou moins cette partie de l'appareil, jusqu'à ce qu'on distingue nettement une ligne noire verticale séparant en deux parties égales un disque éclairé, et on observe attentivement si les deux moitiés du disque paraissent avoir

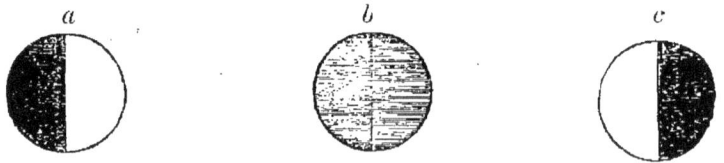

Fig. 37.

exactement la même pénombre (fig. 37, *b*). S'il n'en est pas ainsi, on tourne un peu dans un sens ou dans l'autre le bouton *b*, et une fois le disque ramené à l'égalité de ton dans toute sa surface, le zéro du vernier étant bien sur le zéro de l'échelle, l'instrument est réglé.

Maintenant on remplace le tube à eau par un autre tube contenant l'urine à analyser (voy. § 135), et on regarde en O: on voit alors que l'égalité de ton des deux demi-disques n'existe plus, l'un d'eux paraissant plus éclairé que l'autre (fig. 37, *a* et *c*). On fait alors tourner l'alidade vers la droite, jusqu'à ce que l'inégalité des pénombres disparaisse complètement et que le disque présente de nouveau l'apparence de la figure 37, *b*; ce résultat obtenu, on lit, à l'aide de la loupe J, sur le cadran éclairé par le miroir *m*, le nombre devant lequel s'est arrêté le zéro du vernier; ce nombre, multiplié par 2,22, indique en grammes la proportion de glycose contenue dans un litre d'urine.

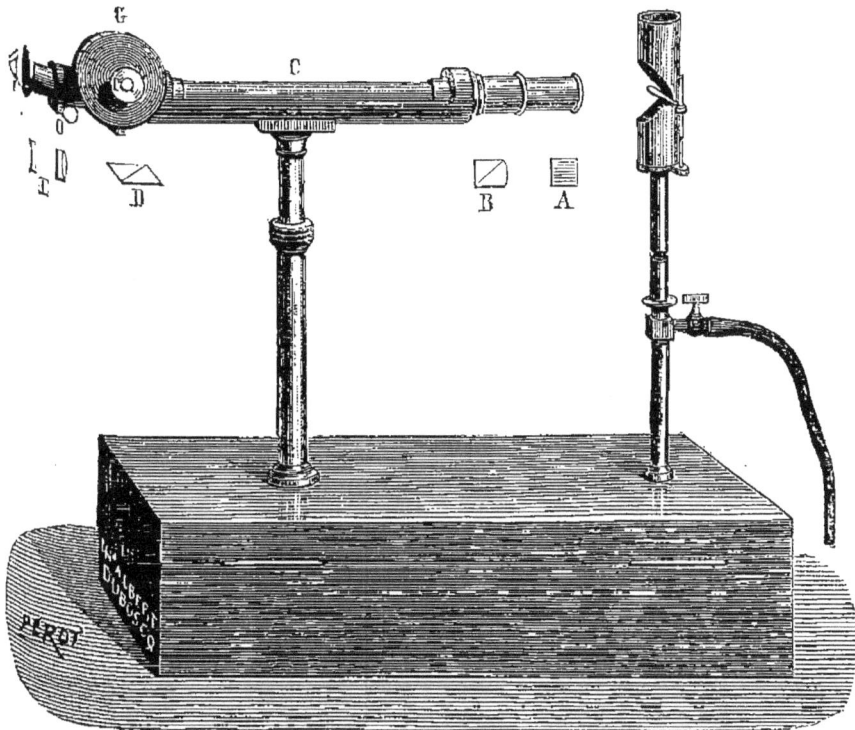

Fig. 38. — Diabétomètre d'Yvon-Duboscq.

Diabétomètre d'Yvon-Duboscq. — C'est, comme le précédent, un appareil à pénombres. En voici la description, d'après les inventeurs : Les rayons, qui émanent d'une lumière jaune monochromatique (obtenue comme il a été dit plus haut), traversent d'abord une cuve A (fig. 38), remplie d'une solution étendue de bichromate de potassium, puis le polarisateur à pénombres B. Ils continuent leur chemin à travers le tube C, qui renferme de l'eau ou l'urine à analyser ; au sortir de ce tube, ils sont reçus par l'analyseur D et arrivent enfin à l'œil de l'observateur, après avoir traversé une lentille convergente, qui forme avec l'oculaire concave E une lunette de Galilée, destinée à rendre la vision distincte. L'analyseur D est enchâssé dans un collier mobile, dont il faut mesurer le déplacement angulaire. Pour cela, ce collier porte un secteur denté, qui s'engrène avec une vis tangente à sa circonférence. La tête de cette vis F porte un tambour G sur lequel sont gravées les divisions. Dans le mouvement de rotation qu'on imprime au tambour, chacune de ces divisions vient successivement passer devant un trait qui sert de point de repère.

Pour régler l'appareil, on fait coïncider le zéro de la graduation avec le trait de repère et l'on tourne le bouton 0 dans un sens ou dans l'autre jusqu'à ce que l'œil, appliqué sur l'oculaire, aperçoive deux demi-disques également obscurs (fig. 37, b).

Si maintenant on place dans l'appareil le tube contenant l'urine sucrée, l'égalité de teinte des demi-disques est détruite, et, pour la rétablir, on fait tourner le tambour à l'aide du bouton F dans le sens des divisions. Cela fait, on lit le numéro de la division qui, à ce moment, coïncide avec le trait de repère, et ce numéro indique en grammes la quantité de glycose contenue dans un litre d'urine (voy. § 135). Si celle-ci renferme plus de 100 gr. de sucre par litre, il faut l'étendre avec son volume d'eau.

Saccharimètre à franges de Th. et A. Duboscq. — Le phénomène des franges, sur lequel repose la construction de cet appareil, est d'une observation encore plus facile que celle des demi-disques également ou inégalement obscurs des instruments à pénombre; en outre, le saccharimètre à franges dispense de l'emploi de la lumière monochromatique, qu'on ne peut pas toujours se procurer facile-

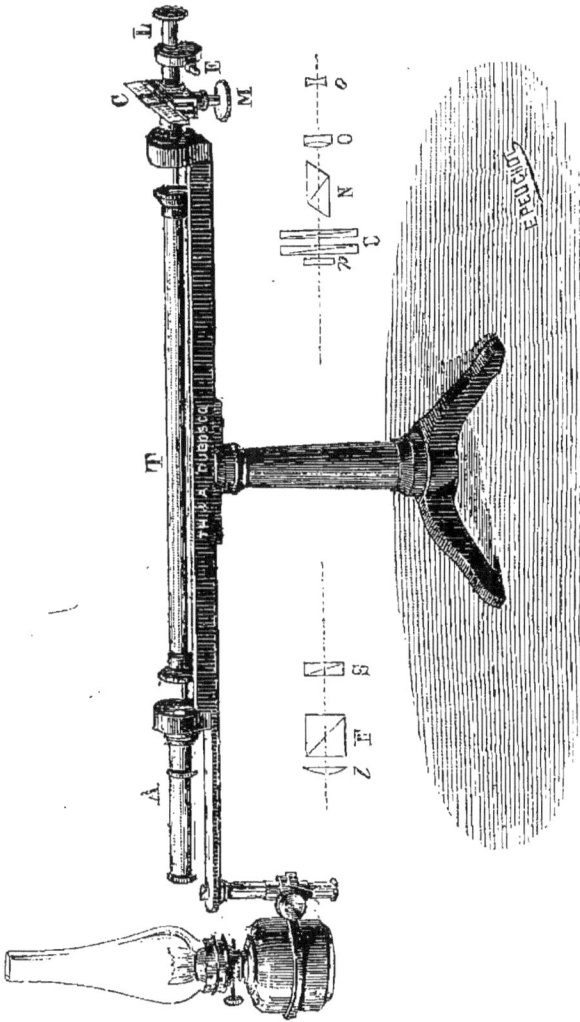

Fig. 39. — Saccharimètre à franges de Th. et A. Duboscq.

ment; il est éclairé au moyen d'une lampe à pétrole à mèche plate.

L'appareil étant disposé comme le montre la figure 39 (le tube **T** étant enlevé), on tire la bague portant l'ocu-

L. GAUTIER, Analyse de l'urine.   9

laire O de la lunette L, de façon à voir bien nettement
la ligne de séparation des deux demi-disques A et B
(fig. 40 et 41) contenant les franges; cela fait, au moyen
du bouton M, on amène le zéro du vernier en coïncidence
avec le zéro de l'échelle divisée, puis on regarde si les
franges sont exactement en ligne droite comme dans la

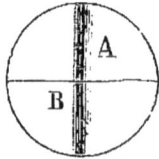

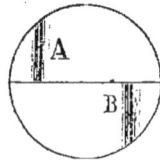

Fig. 40.   Fig. 41.

figure 40. Si au contraire celles-ci sont déplacées (fig. 41),
on les ramène exactement en ligne droite en tournant
l'analyseur N à l'aide de la vis E.

L'appareil ainsi réglé au zéro, et les franges mises bout
à bout, on met en place le tube T rempli avec l'urine à
analyser; les franges sont alors déplacées, et on les ramène
en ligne droite en faisant tourner le bouton M; il ne reste
plus maintenant qu'à lire sur la division inférieure de
l'échelle le nombre de degrés parcourus, et ce nombre, multiplié par 2,24, donne en grammes la quantité de glycose
contenue dans un litre d'urine (voy. § 135). (*Th. et A. Duboscq* livrent, lorsqu'on le désire, leur saccharimètre avec
une division spéciale, donnant directement, en grammes,
la quantité de glycose par litre d'urine.)

135. *Préparation de l'urine pour l'examen au saccharimètre.* — L'urine n'est que rarement assez limpide et incolore pour pouvoir être soumise immédiatement à l'examen
saccharimétrique; il faut donc préalablement la clarifier
et la décolorer. A cet effet, on mesure bien exactement à
l'aide d'une pipette jaugée 50 c. c. d'urine, puis on y

ajoute 5 c. c. d'une solution d'acétate de plomb basique, aussi exactement mesurés de la même manière, on agite vivement et l'on jette le mélange sur un filtre. Avec l'urine filtrée, on remplit ensuite le tube du saccharimètre ; pour cela, on dévisse un des colliers à une des extrémités du tube, on enlève la plaque de verre obturatrice, on lave le tube avec un peu d'urine, et tenant ce dernier légèrement incliné, on y verse le liquide jusqu'à ce qu'il déborde, puis on fait glisser l'obturateur sur l'orifice du tube, de façon à ne pas laisser d'air, et on visse le collier de cuivre, sans trop le serrer.

L'addition de l'acétate de plomb augmentant le volume de l'urine d'un dixième, il ne faudra pas manquer d'ajouter cette quantité aux degrés lus sur le saccharimètre ; si, par exemple, l'urine analysée marque 26 au diabétomètre d'*Yvon-Duboscq*, sa véritable teneur en glycose sera : 26 + 2,6 = 28,6 gr. par litre. Afin d'éviter cette correction, on peut, à la place du tube ordinaire, dont la longueur est égale à 20 cent., se servir d'un tube de 22 cent., dont sont d'ailleurs pourvus la plupart des saccharimètres.

Lorsqu'on a affaire à une urine contenant de l'albumine, il est absolument indispensable d'éliminer préalablement cette substance par coagulation, parce que, contrairement à la glycose, elle dévie à gauche le plan de polarisation de la lumière. A cet effet, on mesure dans un petit ballon, comme précédemment, 50 c. c. d'urine, puis on y fait tomber quelques gouttes d'acide acétique et on chauffe à l'ébullition ; au liquide, contenant le coagulum albumineux, on ajoute ensuite 5 c. c. d'acétate de plomb, on agite vivement et on filtre après refroidissement. L'urine, ainsi débarrassée de l'albumine et décolorée, est alors prête pour l'examen saccharimétrique.

Le dosage de la glycose par le saccharimètre peut ne pas toujours fournir des résultats exacts. *Külz* et *Minkowsky* ont, en effet, signalé dans les formes graves du diabète la présence de l'*acide oxybutyrique*, qui, déviant à gauche la lumière polarisée, annule dans une certaine proportion l'action de la glycose et fait que la quantité trouvée pour ce dernier est inférieure à la proportion réelle. Dans ce cas, il est donc préférable d'effectuer le dosage par la solution alcaline de cuivre. En outre, l'urine diabétique renferme quelquefois, en même temps que la glycose, une certaine quantité de sucre de fruits (lévulose), qui, étant lévogyre, donne lieu à la même erreur que l'acide oxybutyrique (voy. § 139); ici encore, la liqueur de *Fehling* devra être préférée au saccharimètre, mais alors la quantité de sucre trouvée comprendra à la fois la glycose et la lévulose.

136. MÉTHODE UROMÉTRIQUE. — Suivant *Bouchardat*, on peut à l'aide de l'uromètre déterminer *approximative-ment*, de la manière suivante, la proportion de glycose contenue dans l'urine : on prend la densité de ce liquide (voy. § 9) et on multiplie par 2 les chiffres supérieurs à 1000 et le nombre ainsi obtenu par le volume émis en vingt-quatre heures, puis on retranche 60 (nombre qui représente, d'après *Bouchardat*, la quantité moyenne des matières solides autres que le sucre contenues dans l'urine de vingt-quatre heures des diabétiques); le chiffre ainsi trouvé représente la quantité du sucre renfermé dans le volume d'urine de vingt-quatre heures.

Admettons que la quantité d'urine émise en vingt-quatre heures soit égale à 4 litres et la densité à 1,036 à la température de 15°, pour laquelle l'uromètre est construit. Nous avons donc $36 \times 2 \times 4 = 288$ gr., qui représentent la quantité totale des matières solides contenues dans 4 litres de l'urine essayée; d'après ce qui précède, il suffit donc maintenant de retrancher 60 de 288 gr. : 288 — 60 = 228. Il y a, par conséquent, dans les 4 litres de l'urine en question, 228 gr. de sucre ou 57 gr. par litre. Si la détermination de la densité se fait à une température inférieure ou supérieure à 15°, il ne faut pas manquer de corriger le degré lu sur l'uromètre, d'après la table donnée par *Bouchardat* (voy. p. 12).

§ 137. **Glycosurie.** — Le sang contenant de la glycose, il n'est pas étonnant que la présence de ce corps ait été signalée dans l'urine normale (*glycosurie physiologique*), qui n'en contiendrait, il est vrai, que des proportions extrêmement faibles (0,025 à 0,05 p. 100, suivant *Worm-Müller*), ce qui, au point de vue clinique, n'offre aucune importance. Mais dès que la proportion devient plus considérable, il s'agit d'un phénomène pathologique, à moins qu'il n'ait été introduit dans l'organisme de grandes quantités de glycose (laquelle passe inaltérée dans les urines) ou de substances se transformant en sucre sous l'influence de la digestion (*glycosurie alimentaire*). Cette glycosurie pathologique, qui est une conséquence de la présence dans le sang d'une quantité de sucre dépassant les proportions physiologiques ou de l'*hyperglycémie* [1], peut, comme nous l'avons déjà dit (p. 126), n'être qu'un symptôme secondaire (*glycosurie symptomatique*), mais elle peut aussi constituer une maladie spéciale, la *glycosurie idiopathique* ou *diabète sucré* (*diabète glycosurique*).

Dans ce dernier cas, il y a en même temps polyurie (voy. § 131), la glycosurie est toujours de longue durée et la quantité du sucre éliminé toujours assez grande. Cette quantité oscille entre 80 et 100 gr. en moyenne par vingt-

[1] On admet généralement que la glycosurie apparaît dès que le sang renferme plus de 4 à 6 gr. de sucre par kilogr. Bouchard, *Maladies par ralentissement de la nutrition*, 2e édit. Paris, 1885.

quatre heures; mais bien souvent ces chiffres sont dé-
passés : ainsi, suivant *Jaccoud*, la proportion de 200 gr.
serait très ordinaire; elle peut même atteindre 300 et
500 gr., suivant *Vogel*, et on a même observé des cas, qui,
il est vrai, doivent être considérés comme des exceptions,
dans lesquels elle s'élevait jusqu'à 1200 et 1375 gr.
(*Lécorché*, *Féréol*).   .

Les proportions varient aussi beaucoup chez un même
diabétique, suivant le moment où l'urine est recueillie;
ainsi l'urine du jour renferme généralement plus de sucre
que celle de la nuit; mais c'est l'inverse qui se produit
dans les cas de diabète avancé (*Lécorché*); c'est principalement dans les heures qui suivent les repas que la
quantité du sucre atteint son maximum, et cette quantité
est d'autant plus abondante que le repas a été lui-même
plus abondant, qu'il a été surtout composé d'aliments
féculents. Si l'on veut connaître exactement le chiffre de
l'excrétion journalière de la glycose, il est donc nécessaire
d'effectuer le dosage avec un échantillon prélevé sur le
volume total de l'urine, bien mélangée, émise dans les
vingt-quatre heures. Le régime azoté, ainsi que l'abstinence, diminuent l'excrétion du sucre, tandis que le sucre
de canne et la glycose l'augmentent; mais la glycérine,
la lactose et la lévulose ne paraissent exercer aucune
influence. Ordinairement le sucre diminue et disparaît
même quelquefois dans la dernière période du diabète.

On rencontre quelquefois, dans l'urine de certaines
formes de diabète, un composé sucré désigné sous le nom
de *sucre insipide* et qui n'est autre chose qu'un mélange
de glycose, de chlorure de sodium, d'une certaine quantité
d'urée et d'autres matières azotées de l'urine. Parfois la
lévulose et l'*inosite* accompagnent la glycose dans les urines
diabétiques (voy. §§ 139 et 141), et, comme nous l'avons

déjà dit (p. 132), la *dextrine* peut, dans ces urines, remplacer presque complètement la glycose.

Les urines diabétiques peuvent également renfermer de l'*acide oxybutyrique*, de l'*acétone* et de l'*alcool* (voy. p. 148 et §§ 155 et 156).

Enfin, l'*azoturie*, la *phosphaturie* et l'*oxalurie* peuvent exister en même temps que la glycosurie diabétique; la phosphaturie alternerait parfois avec cette dernière, à laquelle on verrait aussi quelquefois se substituer l'oxalurie (voy. §§ 26, 58 et 98).

La *glycosurie symptomatique*, ordinairement de peu de durée (à moins que la cause qui la produit ne persiste pendant un long temps) et de peu d'intensité, s'observe notamment dans les empoisonnements par le phosphore, l'arsenic, l'oxyde de carbone, le curare, la térébenthine, le nitrite d'amyle, ainsi qu'à la suite de l'usage de fortes doses de morphine, de chloral, de chloroforme, d'alcool, d'acide cyanhydrique, de mercure, etc. (*glycosurie toxique*); on la rencontre également dans la cirrhose hépatique, la thrombose de la veine porte, la gastrite chronique; dans l'impaludisme (*glycosurie paludique*), l'hémorrhagie, les commotions et les tumeurs cérébrales, les lésions du crâne et de la colonne vertébrale, ainsi qu'à la suite de commotions physiques générales, de surmènement intellectuel, de chagrins, etc.

Glycosurie simulée. — On rencontre quelquefois des malades, surtout dans les hôpitaux, qui simulent la glycosurie en ajoutant à leurs urines une certaine quantité de sucre. Mais il est aisé de reconnaître cette fraude; le sucre de canne, qui est presque toujours employé dans ce but, est sans action sur la solution alcaline de cuivre, que réduit, au contraire, la glycose; toutefois, comme le sucre de canne peut, en s'altérant peu à peu au contact de l'urine, acquérir des propriétés réductrices, on obtient un résultat bien plus certain que par l'essai à l'aide de la solution de cuivre, en procédant de la manière suivante :

On examine l'urine au saccharimètre et, après avoir constaté la déviation à droite, on chauffe peu à peu le liquide jusqu'à 68° avec un dixième de son volume d'acide chlorhydrique, afin de transformer le sucre de canne en sucre interverti, qui est lévogyre ; on procède ensuite à un second examen saccharimétrique avec l'urine ainsi traitée, et si on reconnaît que maintenant la déviation a lieu à gauche, le liquide contenait primitivement du sucre de canne, et non de la glycose, ce dernier ne subissant pas l'interversion.

Dans le cas où le malade aurait ajouté de la glycose à ses urines, la fraude serait encore facile à découvrir : si l'on dose le sucre d'abord par la solution de *Fehling* et ensuite par le saccharimètre, on ne trouvera entre les deux résultats, si l'on a affaire à une glycosurie véritable, qu'une différence très minime, tandis que si c'est de la glycose qui a été dissoute dans l'urine, la méthode chimique donne toujours un résultat plus élevé que le saccharimètre.

Lévulose. — Lactose. — Inosite.

138. — Outre la glycose, on peut aussi rencontrer dans l'urine, mais bien plus rarement et surtout en proportions beaucoup moindres, d'autres matières sucrées, telles que la *lévulose*, la *lactose* et l'*inosite*. Comme la glycose, la lactose passe inaltérée dans les urines lorsqu'elle est prise en grandes quantités par des personnes saines, et il en est de même pour le sucre de canne, tandis que la lévulose n'a jamais pu être retrouvée dans l'urine, même après son ingestion à hautes doses, sous forme de miel (*Worm-Müller*).

139. Lévulose ou sucre de fruits. — La *lévulose*, $C^6H^{12}O^6$, se rencontre quelquefois à côté de la glycose dans les urines diabétiques. Elle se comporte à peu près comme la glycose avec les différents réactifs, mais elle est incristallisable et dévie à *gauche* la lumière polarisée; elle fermente directement comme la glycose, mais plus difficilement.

Lorsqu'une urine sucrée dévie fortement à gauche la lumière polarisée, c'est ordinairement l'indice de la présence de la lévulose; toutefois, il est à remarquer que l'urine devient fortement lévogyre à la suite de l'ingestion de grandes quantités de chloral, de camphre, de benzine, etc., et qu'en même temps elle réduit la solution alcaline de cuivre. La présence de la lévulose est également indiquée si, ayant fait deux dosages de glycose, l'un par la liqueur de *Fehling*, l'autre par polarisation, on trouve par cette dernière méthode une quantité de sucre plus petite que celle donnée par la première.

140. Lactose ou sucre de lait. — La *lactose*, $C^{12}H^{22}O^{11} + H^2O$, existe ordinairement en petite quantité (1 p. 100 au plus) dans l'urine des femmes enceintes, des nourrices et des enfants à la mamelle. Elle cristallise en prismes obliques à 4 faces (fig. 42), est soluble dans l'eau, insoluble dans l'alcool et dans l'éther. Ses solutions sont *dextro-*

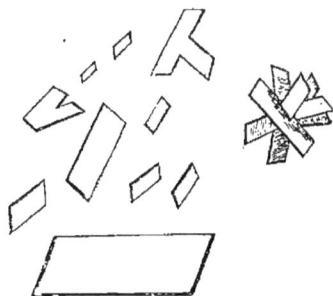

Fig. 42. — Lactose.

gyres; elles sont colorées à chaud par les alcalis et réduisent la solution alcaline de cuivre, mais non le réactif de *Barfoed* (voy. § 129, *c*).

Pour reconnaître la présence du sucre de lait, il faut l'isoler de l'urine; dans ce but, on précipite ce liquide par un mélange d'acétate neutre de plomb et d'ammo-

9.

niaque, en ajoutant de ce mélange tant que l'urine filtrée exerce une action sur la lumière polarisée ; le précipité ainsi obtenu est décomposé par l'hydrogène sulfuré ; l'acide chlorhydrique mis en liberté est neutralisé par agitation avec de l'oxyde d'argent ; après filtration, on précipite l'excès d'argent par le carbonate de baryum, on filtre de nouveau et le liquide ainsi obtenu dépose par concentration une masse cristalline, que l'on peut faire recristalliser dans l'eau après lavage à l'alcool dilué. On reconnaît que l'on a affaire à des cristaux de sucre de lait à leur forme, à leur insolubilité dans l'alcool concentré, ainsi qu'à la manière dont ils se comportent avec le réactif de *Barfoed*, sur lequel ils sont sans action, et la liqueur de *Fehling,* qu'au contraire ils réduisent.

141. Inosite ou sucre musculaire. — Ce sucre, qui existe dans les muscles, les poumons, les reins, le cerveau et quelques autres organes, se rencontre quelquefois en petite quantité dans l'urine des albuminuriques et des diabétiques.

142. *Caractères.* — L'inosite, $C^6H^{12}O^6 + 2H^2O$, cristallise en prismes orthorhombiques généralement groupés en forme de choux-fleur et quelquefois isolés (fig. 43) ; elle se dissout facilement dans l'eau, mais

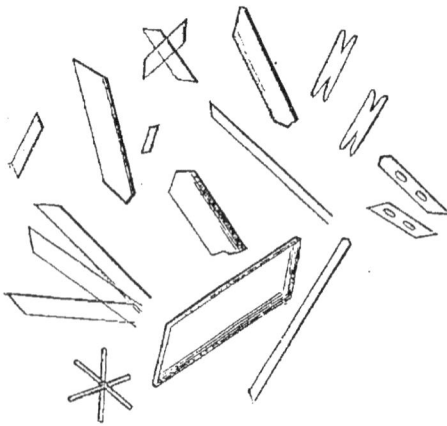

Fig. 43. — Inosite.

est insoluble dans l'éther et dans l'alcool absolu. Ses solutions sont *sans action sur la lumière polarisée et ne réduisent pas la liqueur de Fehling;* elles sont précipitées par l'acétate *basique* de plomb.

Si sur une lame de platine on évapore presque à siccité une solution d'inosite avec de l'acide azotique, puis si l'on humecte le résidu avec un peu d'ammoniaque et de solution de chlorure de calcium, et si ensuite on évapore de nouveau à sec avec précaution, il se produit une coloration rouge rose vif, même si l'inosite n'est qu'en très faible quantité. (*Réaction de Scherer.*)

Si dans une capsule en porcelaine on évapore un liquide contenant de l'inosite jusqu'à ce qu'il n'en reste plus que quelques gouttes, et si ensuite on ajoute une goutte de solution d'azotate de bioxyde de mercure, il se produit un précipité jaunâtre ; si maintenant on étend celui-ci le mieux possible sur les parois de la capsule et si l'on chauffe de nouveau avec précaution, il reste, dès que tout le liquide est évaporé et si l'on n'a pas ajouté trop de réactif, un résidu jaune blanchâtre, devenant promptement rouge plus ou moins foncé, suivant la quantité d'inosite contenue dans le liquide essayé. (*Réaction de Gallois.*) Comme, dans les mêmes conditions, l'albumine donne une coloration rose et le sucre une coloration noire, ces deux corps doivent être préalablement éliminés, s'ils sont présents.

143. *Recherche.* — Pour reconnaître la présence de l'inosite dans une urine, il faut l'isoler de celle-ci. A cet effet, on précipite complètement l'urine par l'acétate neutre de plomb, on fait bouillir et l'on filtre ; on évapore au quart le liquide filtré et on y ajoute de l'acétate basique de plomb, qui précipite l'inosite. Le précipité est recueilli sur un filtre, lavé et mis en suspension dans l'eau, puis décomposé par l'hydrogène sulfuré. On filtre et on concentre par évaporation le liquide filtré contenant l'inosite, que l'on précipite par addition d'alcool concentré. On redissout l'inosite dans l'eau distillée, on évapore la solu-

tion, puis on y verse de l'alcool concentré ou de l'éther et on l'abandonne à cristallisation.

Pour s'assurer que les cristaux ainsi obtenus sont bien de l'inosite, on examine leur forme et on les soumet aux réactions de *Scherer* et de *Gallois*.

Éléments de la bile : pigments et acides biliaires, cholestérine.

144. — Lorsque l'écoulement de la bile dans l'intestin est empêché par une cause quelconque (hyperhémie active et passagère du foie, oblitération des canaux biliaires par des calculs, inflammation catarrhale de ces canaux se propageant jusqu'aux lobules hépatiques, inflammation de la vésicule biliaire, sa compression par une tumeur, hypertrophie interstitielle, dans l'empoisonnement par le phosphore, œdème de la capsule de Glisson, etc.), cette humeur est résorbée et passe dans le sang. Ce dernier la répand dans la plupart des tissus, auxquels elle communique, par le pigment qu'elle renferme, une coloration jaune caractérisque ; cette coloration jaune ou *ictérique* ne tarde pas à apparaître sur la peau et les conjonctives, et elle constitue alors l'état pathologique désigné sous le nom d'*ictère hépatogène* (*ictère biliphéique* de *Gubler*, *ictère par résorption*). Les éléments de la bile sont ensuite éliminés du sang par les reins (ainsi que par la sueur), et l'urine, devenue *ictérique*, renferme dans une proportion plus ou moins grande des *pigments biliaires* et presque toujours aussi une petite quantité d'*acides biliaires*.

Indépendamment de l'ictère hépatogène résultant de la résorption de la bile, on distingue aussi l'*ictère hémato-gène*, dans lequel la peau n'offre qu'une teinte jaune pâle, qui n'est pas due aux pigments biliaires, mais à l'*urobiline*, substance voisine de ces derniers et qui se forme également aux dépens de la matière colorante du sang (voy. § 67). L'ictère hématogène, désigné autrefois par *Gubler* sous le nom d'*ictère hémaphéique* (*ictère urobilinique* de *Gerhardt*), se produit lorsque la destruction des globules sanguins devient trop rapide ou lorsque le foie, étant atteint dans son activité sécrétoire, ne suffit plus à élaborer la matière colorante résultant de la destruction des corpuscules sanguins. Dans ce cas, l'urine (*urine hémaphéique* de *Gubler*, *urine rouge hépatique* de *Méhu*) ne donne pas les réactions des pigments de la bile ; on y trouve, au lieu de ces derniers, de l'urobiline, et elle ne contient qu'une quantité très faible ou même pas du tout d'acides biliaires.

L'ictère hépatogène et l'ictère hématogène peuvent, du reste, exister simultanément (*ictère mixte* ou *hémo-hépatogène*), car il n'est pas possible que la fonction du foie puisse rester absolument intacte lorsque la rétention de la bile est poussée à un haut degré, et en outre la présence de la bile dans le sang, du moins en grande quantité, doit aussi activer la décomposition des hématies ; l'urine renferme alors de l'urobiline, en même temps que les éléments de la bile. Enfin, la présence de ces derniers éléments peut aussi alterner avec celle de l'urobiline, c'est-à-dire que l'ictère d'abord purement hépatogène, par exemple, peut être remplacé par la forme purement hématogène, et cette alternance peut se prolonger pendant un certain temps, de sorte que l'examen de l'urine, effectué à différentes périodes de l'affection, décèlera tantôt l'existence des principes de la bile, tantôt celle de l'urobiline.

I. — Pigments biliaires.

145. Propriétés. — Les principales matières colorantes de la bile sont : la *bilirubine*, la *biliverdine*, la *bilifuscine* et la *biliprasine;* les trois dernières dérivent de la première par oxydation.

Bilirubine. — La bilirubine, $C^{32}H^{36}Az^4O^6$, se présente sous forme d'une poudre amorphe rouge orangé ou (lorsqu'elle se dépose de sa solution dans le chloroforme) de prismes rhomboïdaux offrant une coloration rouge foncé (fig. 44). Insoluble dans l'eau, peu soluble dans l'alcool et dans l'éther, elle se dissout au contraire facilement dans le chloroforme, un peu moins facilement dans le sulfure de carbone et la benzine. Les solutions sont jaunes. La bilirubine

Fig. 44. — Bilirubine.

se dissout dans les alcalis, et dans ces solutions elle se transforme facilement en biliverdine par absorption d'oxygène; l'amalgame de sodium la réduit en hydrobilirubine ou urobiline (voy. § 67).

Biliverdine. — La biliverdine, $C^{32}H^{36}Az^4O^9$, est amorphe, de couleur vert foncé, insoluble dans l'eau, l'éther et le chloroforme, mais soluble dans l'alcool, ainsi que dans les alcalis, avec une couleur verte. Lorsqu'on abandonne à elle-même pendant longtemps une solution alcaline de biliverdine, celle-ci se transforme finalement en biliprasine.

Biliprasine. — La biliprasine, $C^{32}H^{44}Az^4O^{12}$, est amorphe et de couleur noir verdâtre, insoluble dans l'eau, l'éther et le chloroforme, mais soluble dans l'alcool, avec une couleur verte, passant au brun par l'ammoniaque. Elle se dissout également dans les alcalis, avec lesquels elle donne des solutions brunes, que les acides font virer au vert.

Bilifuscine. — La bilifuscine, $C^{32}H^{40}Az^4O^8$, est une poudre brun foncé, presque insoluble dans l'eau, l'éther et le chloroforme, mais elle se dissout facilement dans l'alcool, ainsi que dans l'ammoniaque et la soude, avec une couleur brun foncé.

On a également signalé comme matières colorantes de la bile la *bilicyanine* ou *choléverdine* et la *cholétéline,* qui sont aussi des produits de l'oxydation de la bilirubine et des autres pigments.

146. Réaction commune aux pigments biliaires (réaction de Gmelin). — Si à une solution de ces matières on ajoute peu à peu de l'acide azotique, le liquide se colore d'abord en vert, puis en bleu, en violet et en rouge, et au bout de quelques heures ou, si l'acide est en grand excès, au bout de quelques secondes seulement, la coloration rouge disparaît et le liquide devient jaune.

Si l'on verse la solution des pigments sur l'acide azotique, en évitant le mélange des liquides, ces couleurs apparaissent simultanément en couches superposées, le vert formant la couche supérieure.

147. Recherche. — L'urine qui renferme des pigments biliaires (*urine ictérique*) est plus ou moins colorée en jaune, en brun ou rouge brunâtre ou en vert, suivant la nature du pigment qui se trouve en quantité prédominante : ainsi, lorsque l'urine est jaune, c'est la bilirubine qui prédomine; lorsqu'elle est verte, c'est la biliverdine. Une pareille urine tache fortement le linge et colore en jaune ou en verdâtre un morceau de papier à filtrer qu'on y plonge; lorsqu'on l'agite, elle donne une mousse jaune, tandis que celle des urines ne contenant pas de pigments biliaires, mais offrant une coloration foncée, est au contraire toujours blanche, à moins que l'urine n'ait été émise à la suite de l'ingestion de rhubarbe, de séné ou de santonine; dans ce dernier cas, l'urine elle-même est colorée en jaune brun et offre l'apparence d'une urine ictérique, mais il est facile de l'en distinguer (voy. § 3).

Pour reconnaître les pigments biliaires, on emploie ordinairement la *réaction de Gmelin*, qui est la meilleure lorsque ces corps ne sont pas en proportion trop faible :

Dans un petit verre conique, on verse 2 ou 3 c. c. d'acide azotique légèrement jaune (acide ordinaire qu'on a exposé pendant quelque temps à la lumière ou mélangé avec un peu d'acide fumant), puis, sans mélanger les liquides, on fait couler par-dessus l'urine à essayer, à l'aide d'une pipette, en appuyant la pointe de celle-ci contre la paroi du verre. Si l'urine renferme des pigments biliaires, il se produit aux points de contact des deux liquides une coloration annulaire verte, qui s'étend peu à peu vers les parties inférieures et au-dessous de laquelle on voit en même temps apparaître les colorations bleue, violette, rouge et enfin jaune, signalées précédemment (§ 146). De ces différentes colorations, la *verte* seule est une preuve de la présence des pigments biliaires, parce qu'il existe dans l'urine normale des substances (l'indican notamment) qui, avec l'acide nitrique, donnent lieu à la production de colorations bleue et rouge.

Pour découvrir les pigments biliaires dans les sédiments d'urates, où ils peuvent aussi se rencontrer, on dissout ces sédiments dans le carbonate de sodium, et l'on essaye la solution comme il vient d'être dit.

Rosenbach modifie le mode d'exécution de la réaction de *Gmelin* de la manière suivante : il passe l'urine sur un filtre en papier blanc et il arrose la face interne du filtre encore humide avec un peu d'acide azotique jaune; des zones concentriques verte, bleue, violette et rouge jaune apparaissent alors sur le papier, si l'urine renferme le pigment de la bile.

L'urine ictérique, mélangée avec une goutte d'*azotite de potassium* et un peu d'*acide sulfurique* étendu, prend une belle coloration verte, même en présence de traces très faibles de pigments biliaires; au bout de quelque temps, le vert disparaît et est immédiatement remplacé par le jaune, sans passer par le rouge ou le bleu. (*Vitali.*)

Si l'on verse avec précaution quelques gouttes de *teinture d'iode* sur une urine contenant des pigments biliaires, on voit apparaître aux points de contact des liquides une belle coloration *vert émeraude*, que l'*eau de brome*, employée de la même manière, produit également. (*Dumont-pallier, Maréchal, Smith.*)

De l'urine ictérique jaune on peut isoler la *bilirubine* de la manière suivante : Dans un petit flacon on verse 100 c. c. d'urine et 10 c. c. de chloroforme, et on mélange les deux liquides en retournant doucement plusieurs fois le vase bouché avec le pouce; cela fait, on renverse le flacon, toujours maintenu bouché, puis, soulevant légèrement le pouce, on laisse couler le chloroforme seul dans un verre conique, où on effectue la réaction de Gmelin. (*Ultzmann.*)

Pour reconnaître la *bilirubine seule*, *Ehrlich* mélange l'urine avec son volume d'acide acétique étendu, puis il ajoute goutte à goutte une solution de sulfodiazobenzol (préparée en dissolvant une partie d'acide sulfanilique dans 1000 parties d'eau additionnées de 15 c. c. d'acide chlorhydrique et de une demi-partie d'azotite de sodium); si l'urine renferme de la bilirubine, le mélange prend une teinte foncée, que l'addition d'un acide fait passer au violet.

Lorsqu'on a affaire à des urines ne contenant que de petites quantités de pigments biliaires et en même temps de couleur très foncée ou riches en indican, les méthodes précédentes sont inapplicables. Dans ce cas, il faut isoler de l'urine le pigment biliaire. A cet effet, on rend l'urine alcaline en y ajoutant une lessive de soude, puis on la mélange avec du chlorure de baryum ou de calcium tant qu'il se forme un précipité jaune (le précipité est blanc avec l'urine normale). On filtre, et si on fait bouillir le précipité avec de l'alcool additionné de quelques gouttes d'acide sulfurique étendu, il se décolore et le liquide prend une belle coloration verte.

Bien que, en général, la présence de l'albumine dans une urine ictérique ne nuise pas beaucoup à la recherche des pigments biliaires, il est cependant préférable d'éliminer préalablement cette substance par coagulation, surtout lorsqu'on a affaire à une urine peu chargée.

II. — Acides biliaires.

148. — Les acides biliaires, qui, suivant *Dragendorff*, existeraient à l'état de traces dans l'urine normale (0,8 gr. dans 100 litres), se rencontrent surtout, à l'état pathologique, dans l'urine ictérique, à côté des pigments biliaires, mais leur proportion n'est jamais bien considérable (voy. § 144).

149. **Propriétés**. — Les deux acides que l'on rencontre dans la bile humaine, sous forme de sels sodiques, l'*acide choléique* ou *taurocholique* et l'*acide cholique* ou *glycocholique*, sont des combinaisons d'un troisième acide, l'*acide cholalique*, avec la *taurine* d'une part et le *glycocolle* de l'autre.

Acide choléique ou *taurocholique*. — L'acide choléique,

$C^{26}H^{45}AzSO^7$, constitue une poudre blanche amorphe, soluble dans l'eau, l'alcool et le chloroforme, insoluble dans l'éther; ses solutions sont dextrogyres. Traité à l'ébullition pendant plusieurs heures par la potasse ou l'acide chlorhydrique, il se dédouble en acide cholalique et en *taurine*, $C^2H^7SAzO^5$, substance azotée cristallisable renfermant 25 p. 100 de soufre.

Acide cholique ou *glycocholique*. — L'acide cholique, $C^{26}H^{43}AzO^6$, cristallise en fines aiguilles prismatiques incolores (fig. 45) et ne contient pas de soufre, ce qui le distingue de l'acide choléique. Il se dissout difficilement dans l'eau froide, facilement dans l'eau bouillante et dans l'alcool, un peu dans l'éther; les solutions sont dextrogyres. Par ébullition avec la potasse ou l'acide chlorhydrique, il éprouve une décomposition analogue à celle de l'acide cho-léique, c'est-à-dire qu'il se forme de

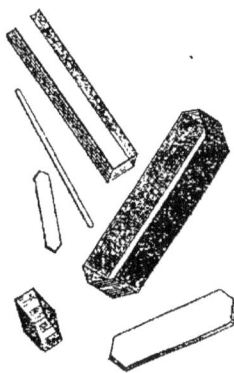

Fig. 45. — Acide glyco-cholique.

l'acide cholalique, comme avec ce dernier, et du glyco-colle, $C^2H^5AzO^2$, au lieu de taurine.

Acide cholalique. — Cet acide, $C^{24}H^{40}O^5$, qui n'existe dans la bile qu'en combinaison avec la taurine et le gly-cocolle, avec lesquels il forme les deux acides précédents, cristallise en prismes à quatre ou six pans, doublement réfringents, isolés ou réunis en houppes; il est insoluble dans l'eau, très soluble dans l'alcool, peu soluble dans l'éther. Comme celles des autres acides, ses solutions sont dextrogyres. Chauffé à 200° environ ou soumis à une ébullition prolongée avec des acides minéraux, il se trans-forme, en perdant de l'eau, en *dyslisine*, $C^{24}H^{36}O^3$.

150. Réaction commune aux acides biliaires (réaction

de Pettenkofer). — Si à une solution de ces acides n'en contenant même que des traces on ajoute deux tiers de son volume d'acide sulfurique ordinaire, en versant celui-ci lentement de façon que la température du mélange ne s'élève pas au-dessus de 60°, puis 4 à 5 gouttes d'une solution de sucre (1 partie dans 4 ou 5 d'eau), et si l'on agite, le liquide prend une très belle coloration *violette*.

Neukomm rend la réaction encore plus sensible en procédant de la manière suivante : on mélange dans une petite capsule en porcelaine la solution des acides biliaires avec une goutte d'acide sulfurique étendu et une trace d'eau sucrée, puis on chauffe la capsule au bain-marie; on voit alors apparaître une belle coloration violet pourpre. On peut aussi, suivant *Külz*, obtenir une très belle réaction en ajoutant au résidu d'évaporation de la solution des acides biliaires une gouttelette d'eau sucrée et une goutte d'acide sulfurique concentré; si l'apparition de la coloration violette se fait attendre, il suffit de chauffer un peu au bain-marie.

151. Recherche. — Comme l'urine ictérique renferme rarement une quantité d'acides biliaires assez grande pour que la réaction de *Pettenkofer* puisse donner un résultat tout à fait probant, cette réaction ne peut pas être appliquée directement sur l'urine, il faut préalablement isoler les acides; d'ailleurs l'indican, qui existe toujours dans l'urine, surtout dans certains cas pathologiques, donne aussi avec l'acide sulfurique une coloration rouge vin ou violet rouge, qui pourrait induire en erreur.

Pour isoler les acides biliaires, il faut suivre le procédé suivant, dû à *Neukomm* : On évapore presque à sec au bain-marie une grande quantité d'urine (400 à 500 c. c.); on épuise le résidu par l'alcool, on évapore la solution ainsi obtenue, on traite le résidu par l'alcool absolu et on dissout dans un peu d'eau le nouveau résidu laissé par l'évaporation de cette dernière solution, puis on précipite la solution aqueuse par l'acétate basique de plomb (dont il faut éviter un excès). On laisse reposer pendant douze heures, puis on recueille le précipité sur un filtre, on le lave et on le dessèche légèrement entre des feuilles de papier buvard. Cela fait, on traite le précipité par l'alcool bouillant, qui dissout les combinaisons plombiques des acides biliaires, puis on évapore la solution à siccité avec du carbonate de sodium, afin de transformer le cholate et choléate de plomb en sels sodiques, et on traite le résidu par l'alcool absolu, dans lequel ces derniers se dissolvent. Enfin, on évapore la solution alcoolique à sec et l'on redissout le résidu dans l'eau distillée. La solution des sels sodiques biliaires ainsi obtenue est alors soumise à la réaction de *Pettenkofer*.

Lorsque l'urine renferme de l'albumine, il faut, avant tout traitement, éliminer cette substance.

III. — Cholestérine.

152. — La présence de cet autre élément de la bile dans l'urine est fort rare; on ne l'a guère constatée que dans quelques cas de chylurie et de dégénérescence graisseuse des reins; la cholestérine se trouve alors émulsionnée dans l'urine avec la graisse ou bien sous forme de *sédiment*. On rencontre aussi quelquefois des calculs urinaires contenant de la cholestérine.

153. **Propriétés.** — La cholestérine, $C^{24}H^{43},OH$, cristallise en grandes tables rhomboïdales (fig. 46) ou en fines aiguilles soyeuses, insolubles dans l'eau, les acides étendus, les alcalis, l'alcool froid, mais soluble dans l'alcool bouillant, l'éther et le chloroforme.

La cholestérine est nettement caractérisée par la réaction suivante : si l'on dissout un peu de cette substance dans 2 c. c. de chloroforme, puis si l'on ajoute à peu près le même volume d'acide sulfurique concentré, si l'on agite et si on laisse reposer, on voit le chloroforme, qui surnage l'acide sulfurique, se colorer d'abord en rouge de sang, puis en rouge cerise ou en pourpre, et en même temps l'acide sulfurique offre une fluorescence verte intense; enfin, si l'on verse un peu de la solution chloroformique dans une petite capsule en porcelaine, elle se colore rapidement d'abord en bleu, puis en vert et en jaune.

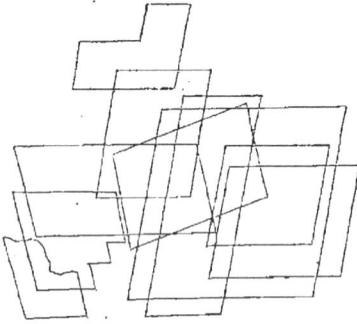

Fig. 46. — Cholestérine.

154. Recherche. — Pour reconnaître la présence de la cholestérine dans l'urine, on agite celle-ci avec de l'éther (s'il s'agit d'un *sédiment*, on fait digérer ce dernier avec le dissolvant), on décante l'éther et on laisse évaporer; on introduit le résidu dans l'alcool, on ajoute un peu de potasse solide, et l'on fait bouillir le mélange pendant quelque temps au bain-marie; on évapore la solution, on épuise le résidu par l'eau, puis on l'agite avec de l'éther; enfin, on évapore la solution éthérée, on redissout le résidu dans l'alcool bouillant et on abandonne à cristallisation la solution alcoolique filtrée. Il se sépare alors des cristaux de cholestérine faciles à reconnaître à leur forme, et que l'on peut, du reste, soumettre à la réaction indiquée plus haut.

Acétone.

155. L'acétone, qui, d'après *v. Jaksch*, existerait en très faibles proportions dans l'urine normale (0,01 gr. au plus dans les vingt-quatre heures), subit une augmentation relativement considérable dans les affections fébriles (rougeole, scarlatine, pneumonie), et surtout dans le diabète glycosurique, les maladies infectieuses, ainsi que dans certaines affections cancéreuses (carcinome des organes digestifs), la leucocythémie, l'anémie pernicieuse, la maladie d'Addison; suivant certains auteurs, la présence de ce corps dans l'urine constitue même quelquefois un état pathologique spécial, l'*acétonurie*.

156. **Propriétés et recherche.** — L'acétone est un liquide limpide, bouillant à 56°, facilement inflammable, d'une odeur agréable rappelant celle de l'éther acétique et se mélangeant avec l'alcool et l'éther en toutes proportions. Soumise à l'action successive d'une solution concentrée d'iode dans l'iodure de potassium et de la soude caustique, l'acétone donne naissance à de l'iodoforme, qui se sépare en cristaux microscopiques tabulaires hexagonaux ou en étoiles à six rayons offrant une coloration jaune et une odeur désagréable (*réaction de Lieben*). L'alcool donne aussi la même réaction, mais avec ce dernier l'iodoforme se forme beaucoup moins rapidement qu'avec l'acétone (*v. Jaksch*).

Les urines qui renferment de l'acétone offrent fréquemment une odeur particulière de fruit, analogue à celle du chloroforme. Cette odeur se retrouve également dans l'haleine des malades, notamment des diabétiques arrivés à la dernière période de l'affection; il y a alors accumulation d'acétone dans le sang, et cette *acétonémie* serait, suivant certains auteurs, la cause du coma diabétique [1].

Si l'on ajoute à une urine contenant de l'acétone du *perchlorure de fer* ou de l'*acide sulfurique*, on obtient avec le premier une coloration rouge brun, et avec le second une coloration rouge rose clair. Mais ces deux réactions, indiquées par *Gerhardt* et appliquées par différents auteurs dans leurs recherches sur l'acétonurie, se produiraient également avec des urines ne contenant pas d'acétone et ne sauraient, par suite, fournir des résultats concluants [2]. La *réaction de Lieben*, effectuée sur le produit de la distillation de l'urine, ne mérite guère plus de confiance, pour la raison indiquée précédemment. Mais il n'en est pas de même des procédés suivants, qui permettent de découvrir avec une certitude complète des proportions d'acétone même très faibles.

Suivant *Chautard*, on dissout 0,25 gr. de fuchsine dans 500 gr. d'eau et l'on fait passer dans la solution un courant d'acide sulfureux, jusqu'à ce que le liquide n'ait plus qu'une teinte jaune clair. Cette solution (*réactif sulfo-rosanilique*), qui peut être conservée indéfiniment sans altération dans des flacons bouchés, donne avec l'acétone pure ou au dixième une magnifique coloration violette, avec une solution à 1/400 un violet d'une intensité notable et avec une solution à 1/1000 une teinte encore sensible.

Si dans un tube à essais contenant 15 à 20 c. c. d'urine on verse quelques gouttes du réactif sulfo-rosanilique, il se

---

[1] Voyez Bouchard, *Leçons sur les auto-intoxications dans les maladies*, Paris, 1887.

[2] La teinte rouge brun que prend l'urine avec le perchlorure de fer dans différents états morbides n'est point due à l'acétone, car on sait que ce réactif ne donne aucune coloration avec l'acétone pure ou étendue d'eau; elle doit être attribuée à des substances dont la nature chimique est encore inconnue et qui résultent de l'élaboration vicieuse de la matière par l'organisme. Voy. Bouchard, *Leçons sur les auto-intoxications dans les maladies*, Paris, 1887.

produit infailliblement une coloration violette, si l'urine essayée renferme de l'acétone.

Toutefois, lorsque la quantité d'acétone contenue dans l'urine est très petite, il peut arriver que la légère coloration violette qu'elle produit soit masquée par la couleur jaune, quelquefois intense, du liquide. Pour obtenir dans ce cas une coloration appréciable, on soumet à une distillation conduite lentement 200 c. c. environ de l'urine à essayer; on recueille les 15 premiers centimètres cubes, qui contiennent presque toute l'acétone, si le liquide en renferme, et on les traite par le réactif sulfo-rosanilique. Si on n'obtient pas de coloration, on peut être certain de l'absence de l'acétone, car en opérant ainsi il est possible de retrouver une quantité de ce corps inférieure à 1/10000.

On peut également employer le procédé suivant, dû à *Baeyer* et *Drewsen* et qui est aussi d'une grande sensibilité : à une solution d'*orthonitrobenzaldéhyde* [1], préparée à l'ébullition et refroidie, on ajoute les premiers produits de la distillation de l'urine et on rend le mélange nettement alcalin avec une solution de soude; au bout de dix minutes environ, si le liquide soumis à l'essai renferme de l'acétone, on voit apparaître une coloration jaune, puis verte, et enfin un précipité d'indigo; si l'acétone n'est qu'en quantité très minime, ce précipité ne se forme pas, mais si l'on agite le liquide jaunâtre avec du chloroforme, celui-ci prend au bout d'un certain temps une coloration indigo.

En même temps que l'acétone, l'urine contiendrait aussi, mais pas toujours, de l'*acide* et de l'*éther éthyl-diacétiques*, composés qui donnent facilement naissance à

---

[1] Ce corps, étant explosible, doit être manié avec beaucoup de précautions.

de l'acétone et à de l'alcool; ces corps existeraient peut-être seuls primitivement dans l'urine, et l'acétone ainsi que *l'alcool* (voy. § 213), que l'on trouve souvent à côté de celle-ci, seraient des produits de leur décomposition.

Tyrosine et leucine.

157. — La tyrosine et la leucine, qui existent à l'état normal dans certains organes (foie, rate, pancréas, etc.), ne se rencontrent point dans l'urine des personnes saines, mais leur présence simultanée a été constatée dans un certain nombre d'affections, telles que l'atrophie jaune aiguë du foie, l'empoisonnement par le phosphore et les cas graves de typhus et de variole.

158. **Propriétés de la tyrosine et de la leucine.** — La *tyrosine*, $C^9H^{11}AzO^3$, cristallise en longues aiguilles blanches soyeuses, réunies en houppés ou en étoiles (fig. 47); elle est difficilement soluble dans l'eau froide, un peu soluble dans l'eau bouillante, insoluble dans l'éther; elle se dissout très difficilement dans

Fig. 47. — Tyrosine.

l'alcool pur, mais facilement dans l'alcool ammoniacal, ainsi que dans les acides, et les alcalis caustiques et carbonatés. La tyrosine est caractérisée par les réactions suivantes :

Évaporée sur une lame de platine avec de l'acide azotique à 1,2 de densité, elle se colore en orangé et laisse un résidu jaune foncé, que la soude fait virer au rouge ; le liquide, évaporé de nouveau, se colore en brun noirâtre. (*Réaction de Scherer.*)

Chauffée avec de l'azotate de bioxyde de mercure et de l'azotite de potassium, la tyrosine donne un liquide coloré en rouge foncé, tant qu'il est chaud, qui laisse peu à peu déposer un précipité rouge. (*Réaction d'Hoffmann.*)

Si l'on humecte des cristaux de tyrosine avec quelques gouttes d'acide sulfurique concentré, puis si l'on chauffe doucement et si l'on ajoute un peu d'eau, on obtient un liquide, qui, neutralisé par le carbonate de baryum et filtré, donne avec le perchlorure de fer neutre une belle coloration violette. (*Réaction de Piria.*)

La *leucine* pure, $C^6H^{13}AzO^2$, cristallise en lamelles minces groupées autour d'un centre ou superposées ; à l'état impur, les cristaux se présentent sous forme de sphérules, ordinairement colorées, souvent striées concentriquement et munies çà et là

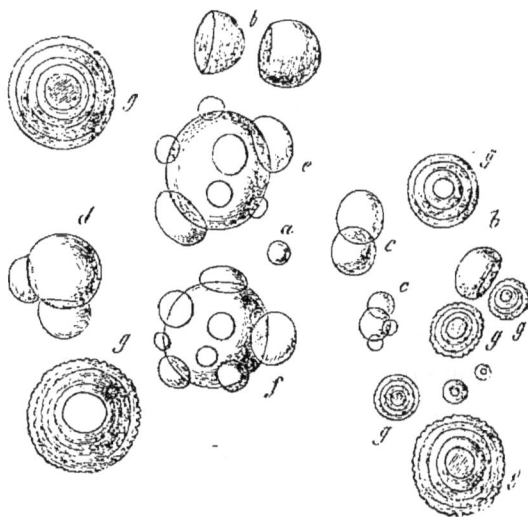

Fig. 48. — Leucine.

de pointes fines (fig. 48). Elle se dissout assez facilement dans l'eau, surtout à chaud, moins facilement dans l'alcool, et est tout à fait insoluble dans l'éther. La leucine peut être reconnue à l'aide des réactions suivantes :

Chauffée avec précaution à environ 170° dans un tube ouvert aux deux bouts, elle *sublime* en flocons qui ressemblent à l'oxyde de zinc, et en même temps une partie se décompose en dégageant l'odeur de l'*amylamine*.

Évaporée sur lame de platine avec de l'acide azotique, la leucine laisse un très faible résidu incolore ; ce résidu, humecté avec quelques gouttes de soude caustique, se dissout à chaud en donnant un liquide incolore ou jaunâtre, qui, évaporé, se transforme en un globule huileux, ne mouillant pas la lame de platine et roulant sur celle-ci. (*Scherer.*)

159. Recherche de la tyrosine et de la leucine. — La tyrosine se trouve ordinairement en dissolution dans l'urine, et ce n'est que rarement qu'on la rencontre en quantité un peu grande sous forme de sédiment. La leucine n'existe guère qu'en dissolution et est toujours en proportion plus faible que la tyrosine.

Pour isoler la tyrosine et la leucine de l'urine, on commence, si celle-ci est albumineuse, par en séparer l'albumine par coagulation et filtration. On précipite ensuite l'urine par l'acétate basique de plomb, on filtre et on élimine l'excès de plomb du liquide filtré, au moyen de l'hydrogène sulfuré ; on filtre de nouveau et on concentre par évaporation la liqueur filtrée. Au bout de quelque temps, la *tyrosine* se dépose ; on la dissout dans l'eau bouillante, on laisse cristalliser, puis on examine les cristaux au microscope, et on les soumet aux réactions indiquées précédemment.

Pour découvrir la leucine, on évapore à siccité l'eaumère de la tyrosine et on épuise le résidu d'abord avec de l'alcool absolu froid et ensuite avec de l'alcool bouillant de force ordinaire. (Le résidu de ce traitement contient la tyrosine restée dans l'eau-mère.) La solution alcoolique ainsi obtenue, évaporée à consistance sirupeuse, laisse déposer au bout d'un long temps la *leucine* sous forme de sphérules (fig. 48), qu'il est convenable de purifier avant d'en faire l'essai chimique. Dans ce but, on comprime la leucine impure entre deux feuilles de papier buvard, afin de la débarrasser le plus possible de l'eau-mère, puis on la dissout dans de l'eau ammoniacale et on précipite la solution par de l'acétate neutre de plomb; on filtre, on lave *un peu* le précipité, on le suspend dans l'eau et on le décompose par l'hydrogène sulfuré; enfin, on concentre par évaporation la liqueur filtrée, et celle-ci abandonnée à elle-même laisse déposer des cristaux de leucine.

Pour reconnaître la *tyrosine* dans un *sédiment*, on recueille ce dernier sur un filtre, on le lave un peu avec de l'eau, puis on le dissout dans de l'ammoniaque additionnée d'un peu de carbonate d'ammonium, on évapore le liquide filtré à cristallisation, et l'on examine au microscope les cristaux déposés (fig. 47).

Cystine.

160. — La cystine existe quelquefois en dissolution dans l'urine, mais c'est ordinairement sous forme de sédiments et de calculs vésicaux qu'on la rencontre. On a remarqué que cette substance se présente souvent chez les différents membres d'une même famille et qu'il existe certains rapports entre la *cystinurie* et les affections rhumatismales.

161. **Propriétés.** — La cystine, $C^3H^7AzSO^2$, substance azotée et sulfurée, cristallise en lamelles hexagonales

10.

incolores (fig. 49), qui se distinguent des formes semblables que peut présenter l'acide urique par leur solubilité
dans l'ammoniaque. Elle est insoluble dans l'eau, l'alcool
et l'éther; elle se dissout dans la potasse, l'ammoniaque,
les acides minéraux et l'acide oxalique, mais non dans
les acides tartrique et citrique. Chauffée sur une lame de
platine, elle se décompose en dégageant une odeur fétide.
La cystine est caractérisée par les réactions suivantes :

Évaporée sur une lame d'argent avec de la soude, elle
donne une tache noire ou brune (formation de sulfure
d'argent);

Une solution d'oxyde de plomb dans la potasse, additionnée de cystine, se colore en brun à l'ébullition (formation de sulfure de plomb);

Si l'on dissout la cystine dans une solution de potasse
bouillante et si l'on ajoute du nitroprussiate de sodium à
la solution étendue, celle-ci prend une belle coloration
violette.

162. **Recherche.** — Les urines contenant de la cystine
peuvent présenter la couleur, l'odeur, la réaction et la
densité de l'urine normale ; cependant on a souvent
remarqué qu'elles offraient une teinte jaune verdâtre et

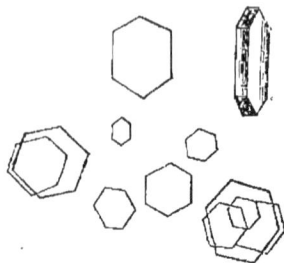

une odeur particulière; elles sont
très souvent alcalines, et lorsqu'elles renferment beaucoup de cystine,
leur densité est assez élevée ; enfin,
lorsque ces urines se putréfient,
elles dégagent une très forte odeur
d'hydrogène sulfuré, résultant de
la décompositions de la cystine

Fig. 49. — Cystine.

très riche en soufre.

Pour isoler la cystine en dissolution dans l'urine, on
la précipite de celle-ci par l'acide acétique, on recueille

le précipité sur un filtre et on le traite par l'ammoniaque, qui dissout la cystine; on évapore la solution ammoniacale ou bien on l'acidifie par l'acide acétique, et la cystine se sépare en tables hexagonales (fig. 49), avec lesquelles on peut effectuer les réactions indiquées précédemment. Si l'on a affaire à un sédiment, on le fait digérer avec de l'ammoniaque, on filtre et procède ensuite comme il vient d'être dit.

Graisse.

163. Lipurie, chylurie, galacturie. — L'excrétion de la graisse par les urines constitue l'état pathologique désigné sous le nom de *lipurie*.

La graisse peut exister dans l'urine sous différents états : elle peut former des gouttes plus ou moins volumineuses, nageant, comme les yeux du bouillon, à la surface de l'urine; elle peut être sous forme de gouttelettes et de granulations microscopiques, extrêmement ténues, flottant librement dans l'urine et montant peu à peu à sa surface à cause de leur faible densité, ou bien enfermées dans des cylindres urinaires ou dans la membrane enveloppante de cellules épithéliales dégénérées, éléments qui, étant au contraire spécifiquement plus lourds que l'urine, finissent par se précipiter au fond de celle-ci; enfin, la graisse peut aussi se présenter sous forme de particules extrêmement fines, disséminées uniformément dans tout le liquide et dont la nature, à cause de leur très grande ténuité, ne peut pas être reconnue avec une certitude complète à l'aide du microscope, mais seulement par les moyens chimiques. Dans ce dernier cas, l'urine offre l'aspect d'une émulsion ou du contenu des vaisseaux chylifères au moment de la digestion; on est alors en présence d'une forme particulière de lipurie, à laquelle on a donné le nom de *chylurie*.

Dans la chylurie, l'urine renferme toujours une quantité plus ou moins grande d'albumine avec laquelle la graisse est intimement mélangée et qui maintient celle-ci en émulsion, mais on n'y trouve pas, comme dans les autres formes de lipurie, de cylindres urinaires et de cellules dégénérées de l'épithélium rénal. La graisse est quelquefois assez abondante pour former à la surface de l'urine une couche crémeuse très promptement après la miction. Lorsque la substance émulsive est en très grande proportion et le pigment urinaire en faible quantité, l'urine chyleuse offre un aspect extérieur tout à fait semblable à celui du lait; cette variété de chylurie constitue la *galacturie* (*pimélurie* de *Bouchardat*).

L'urine chyleuse renferme aussi parfois une petite quantité de sang (*hémato-chylurie*), elle offre alors une coloration rougeâtre, et laisse déposer un sédiment, contenant un grand nombre de globules rouges, mais peu de globules blancs; en outre, lorsque, comme cela arrive quelquefois, elle contient de la fibrine, il s'y produit des coagula fibrineux plus ou moins volumineux, et le liquide tout entier peut même se prendre en gelée, soit après son émission, soit dans la vessie elle-même (voy. § 149). Enfin on a aussi rencontré dans ces urines de la cholestérine (voy. § 152), de la lécithine, de l'hémialbuminose et des peptones. Les urines chyleuses n'ont généralement qu'une odeur peu prononcée, leur réaction est faiblement acide ou alcaline et elles se décomposent avec une grande facilité; leur densité oscille entre 1012 et 1022, et la quantité émise en vingt-quatre heures est ordinairement égale à la normale ou lui est un peu supérieure.

La lipurie a été surtout observée dans la dégénérescence graisseuse des reins (maladie de Bright, empoisonnement par le phosphore), ainsi que dans la phtisie, la pyoémie, la gangrène, l'atrophie aiguë et la dégénérescence graisseuse du foie, le carcinome, les suppurations prolongées (surtout dans les affections des os et des articulations), etc.

La chylurie constitue le plus souvent une maladie spéciale, qui ne s'observe guère en Europe, mais plutôt dans les pays chauds (Indes, Brésil, Égypte, Cap) [1], et l'on a constaté que, dans un grand nombre de cas, le sang renferme en même temps un parasite animal, la *Filaria sanguinis hominis* (comme aux Indes et au Brésil), ou le *Distoma hæmatobium* (comme en Égypte et au Cap), dont on peut aussi constater la présence dans l'urine (voy. § 200), lequel serait alors la cause de la chylurie; dans cette forme de la maladie, la *chylurie parasitaire*, l'urine renferme souvent à la fois de la graisse et du sang (voy. § 198).

164. Recherche de la graisse. — On peut très souvent reconnaître la graisse en soumettant à l'examen microscopique l'urine qui la renferme.

Si elle n'est qu'en suspension dans ce liquide, elle se présente sous forme de gouttes circulaires avec des bords foncés et un centre brillant; vues par réflexion, ces gouttes paraissent blanches et offrent un éclat argentin. Les gouttes graisseuses, qui quelquefois surnagent l'urine, peuvent aussi être reconnues au microscope et aux taches qu'elles laissent sur le papier, taches que la chaleur ne fait pas disparaître.

L'urine chyleuse s'éclaircit lorsqu'on l'agite avec de

[1] Deux cas de chylurie ont été observés en Italie, en 1881, par Cattani et Concato.

l'éther, et en évaporant ce dernier après l'avoir séparé de l'urine par décantation, on obtient un résidu constitué par de la graisse, que l'on reconnaît aux taches persistantes qu'elle donne sur le papier et à l'odeur d'acroléine qu'elle dégage lorsqu'on la chauffe sur une lame de platine. Lorsque la graisse est en très faible quantité, on évapore l'urine à siccité, après l'avoir mélangée avec un peu de plâtre, et on épuise le résidu pulvérisé avec de l'éther; puis on évapore l'extrait éthéré à une douce chaleur, et la graisse reste.

Si l'on voulait en même temps connaître le poids de la matière grasse, il suffirait d'évaporer l'éther dans une capsule tarée et de peser le résidu, après dessiccation à 100°.

Mélanine.

165. — Ce pigment se rencontre surtout dans l'urine des personnes atteintes de cancer mélanique.

La *mélanine* est ordinairement en dissolution, mais on la trouve aussi quelquefois, bien que très rarement, dans les sédiments, sous forme de granulations microscopiques, colorées en brun ou en noirâtre. La constatation de la présence de la mélanine dans l'urine (*mélanurie*) offre une importance particulière, lorsque l'affection cancéreuse ne présente pas de manifestations accessibles à l'œil; la mélanurie peut diminuer peu à peu et même disparaître complètement pendant un temps plus ou moins long, sans que pour cela la maladie cesse de progresser, et par suite l'urine peut alors ne rien présenter d'anormal.

166. **Recherche.** — Lorsque l'urine renferme de la mélanine toute formée, ce qui est extrêmement rare, elle offre

une coloration tout à fait noire. Mais en général elle ne contient qu'un principe chromogène, le *mélanogène*, qui se transforme en mélanine par oxydation; l'urine fraîchement émise est alors jaune, mais si on l'abandonne au contact de l'air et de la lumière ou si on ajoute des substances oxydantes (bichromate de potassium et acide sulfurique, acide azotique fumant), elle prend, peu à peu dans le premier cas, immédiatement dans le second, une coloration noire.

Suivant *Zeller*, le réactif le plus sensible de la mélanine est l'eau de brome : ce réactif, versé dans une urine contenant du mélanogène, donne un précipité jaune noircissant peu à peu. (L'urobiline, dont la présence a été constatée dans l'urine en même temps que celle de la mélanine, est également précipitée en jaune par l'eau de brome, mais le précipité ne noircit pas.)

Hydrogène sulfuré.

167. — L'urine renferme quelquefois de l'hydrogène sulfuré libre ou combiné (sous forme de sulfure d'ammonium). Suivant *Betz*, ce corps peut s'être formé dans la vessie par suite de la décomposition de pus ou de sang, ou bien il a pu passer par endosmose directement de l'intestin dans l'urine, où il a d'abord été résorbé dans le sang, et de ce dernier il est passé dans les reins, par lesquels il a été éliminé. Les sulfates de l'urine peuvent aussi, en présence des matières organiques contenues dans ce liquide, donner lieu à la formation d'hydrogène sulfuré; enfin, lorsqu'une urine renferme des substances organiques sulfurées, comme l'albumine, de l'hydrogène sulfuré peut également se former par la décomposition de ces substances.

168. Recherche. — La présence de l'hydrogène sulfuré dans l'urine (*hydrothionurie*) est toujours facile à reconnaître à l'odeur d'œufs pourris que ce gaz dégage, surtout si on chauffe l'urine; en outre, si dans un flacon à moitié rempli avec l'urine, on suspend une bandelette de papier imprégnée avec une solution ammoniacale d'acétate de plomb, le papier ne tarde pas à noircir, par suite de la formation de sulfure de plomb. Lorsque l'hydrogène sulfuré se trouve sous forme de sulfure, il suffit pour le mettre en liberté d'aciduler l'urine.

Acides divers.

169. Acides lactique, formique, valérianique, etc. — Nous réunissons dans ce paragraphe un certain nombre d'acides qui, à l'état pathologique, se rencontrent quelquefois en petite quantité dans l'urine, mais qui, au point de vue clinique, n'offrent aucune importance. Ce sont :

L'acide lactique (*acide sarkolactique*), signalé dans l'empoisonnement aigu par le phosphore, l'atrophie jaune aiguë du foie, la trichinose et l'ostéomalacie; *l'acide formique*, trouvé dans l'urine des leucémiques; *l'acide valérianique*, rencontré dans le typhus, la variole et l'atrophie aiguë du foie; les *acides acétique* et *propionique*, dont la présence peut être constatée dans les urines diabétiques fermentées; *l'acide butyrique*, trouvé par *Lehmann* dans l'urine des femmes en couches; enfin, *l'acide oxyamygdalique*, indiqué par *Schultzen* et *Riess* dans l'urine des personnes atteintes d'atrophie aiguë du foie.

CHAPITRE IV

SÉDIMENTS ET CALCULS URINAIRES

170. Formation des sédiments et des calculs. — Les éléments normaux et pathologiques que nous venons d'étudier dans les chapitres précédents se trouvent ordinairement en dissolution dans l'urine. Mais il peut arriver que
certains d'entre eux éprouvent une augmentation absolue
ou seulement relative, le volume de l'urine étant diminué ;
celle-ci ne pouvant plus alors les retenir complètement
en dissolution, une partie se précipite, soit à l'intérieur
de l'appareil urinaire (reins, vessie), soit dans l'urine
même, après qu'elle a été expulsée et qu'elle s'est refroidie ;
l'urine, limpide dans ce dernier cas, ou, au contraire, plus
ou moins trouble dans le premier au moment de la miction, donne lieu, lorsqu'on l'abandonne à elle-même, à
un dépôt ou *sédiment* plus ou moins abondant.

D'autres fois, et c'est le cas le plus fréquent, le sédiment
est le résultat d'une exagération de l'acidité de l'urine,
ou bien, au contraire, de la disparition de cette acidité ; il
est, en effet, des corps qui ne peuvent rester en dissolution que lorsque l'urine présente sa réaction normale
modérément acide, mais qui se précipitent dès que le
liquide acquiert une réaction acide exagérée ou qu'il
devient neutre ou alcalin, et cette altération peut se produire aussi bien avant qu'après l'émission de l'urine ;

quelquefois même, il se forme des combinaisons nou-
velles insolubles.

Les sédiments peuvent aussi être constitués par des
corps qui, à cause de leur insolubilité, ne peuvent se
trouver qu'en suspension dans l'urine; ces corps étant
toujours des éléments pathologiques organisés, on désigne
alors les sédiments sous le nom de *sédiments organisés*,
par opposition aux précédents, que l'on appelle *sédiments
non organisés*, lesquels peuvent, à leur tour, être formés
par des substances minérales ou des substances organiques. Enfin, il arrive souvent qu'un sédiment se compose
d'un mélange de corps non organisés minéraux ou organiques et d'éléments organisés.

Lorsque les sédiments formés à l'intérieur des organes
urinaires, au lieu d'être entraînés au dehors avec l'urine,
s'accumulent et s'agglomèrent dans les reins ou dans la
vessie, ils donnent naissance à des *concrétions* plus ou
moins volumineuses. Ces concrétions sont quelquefois
expulsées, lorsqu'elles n'ont encore atteint qu'un faible
volume, sous forme de petits grains sablonneux (*sable,
graviers*). Quand, au contraire, elles séjournent longtemps
dans l'appareil urinaire, elles finissent par acquérir un
volume relativement considérable, par suite du dépôt
continu de la même substance ou d'une substance différente; alors, elles ne peuvent plus sortir par les voies
naturelles, et constituent les *calculs* rénaux ou vésicaux.

I. — SÉDIMENTS.

171. Examen des sédiments. — La détermination de la
nature d'un sédiment exige le plus souvent l'emploi
simultané du microscope et de réactifs chimiques.

Mais il faut tout d'abord isoler le dépôt de l'urine. A cet

effet, on verse celle-ci dans un verre conique, on laisse le sédiment se rassembler au fond du vase et on décante l'urine claire qui surnage, puis dans le liquide trouble on plonge la pointe d'une pipette dont l'orifice supérieur est fermé avec le doigt; on enlève ensuite celui-ci et, lorsque le liquide ne monte plus dans le tube de la pipette, on ferme de nouveau son orifice supérieur et on la retire du liquide. Si maintenant on tient la pipette verticalement, le sédiment se rassemble dans sa pointe, tandis que l'urine qui la mouille extérieurement s'égoutte. Il ne reste plus alors qu'à laisser tomber sur le porte-objet une goutte du contenu de la pipette et à placer par-dessus le couvre-objet. On procède ensuite à l'examen microscopique avec un grossissement de 200 à 400 diamètres environ.

Pour l'essai chimique, on fait ordinairement pénétrer, par capillarité, entre les deux verres, une goutte des réactifs appropriés.

SÉDIMENTS NON ORGANISÉS.

172. Éléments des sédiments non organisés. — Parmi les corps qui peuvent entrer dans la composition des sédiments non organisés, ceux que l'on rencontre le plus fréquemment sont : l'acide urique et les urates, l'oxalate de calcium et les phosphates terreux (phosphate de calcium et phosphate ammoniaco-magnésien); on y trouve aussi, mais bien plus rarement : la cystine, la xanthine, l'acide hippurique, la tyrosine, la bilirubine, l'indigotine, l'hématoïdine, le carbonate et le sulfate de calcium.

173. Caractères distinctifs. — Voici quels sont les caractères microscopiques et chimiques les plus saillants, à l'aide desquels on peut reconnaître les différents corps qui composent les sédiments appartenant à ce groupe :

I. L'urine a une réaction acide.

A. Le sédiment est *amorphe* :

1. Il se compose de petits granules se dissolvant à chaud; l'acide acétique les fait disparaître et il se sépare au bout de quelques heures de petites tables rhomboïdales d'acide urique. (Le sédiment peut aussi contenir des cristaux d'acide urique et d'oxalate de calcium.) } *Urates* (§§ 174 et 175).

2. Il se compose de corps en forme d'haltères (dumb-bells). {
   - Insolubles dans l'acide acétique concentré, solubles dans l'acide chlorhydrique, sans séparation de cristaux. } *Oxalate de calcium* (§ 177).
   - Insolubles dans les acides acétique et chlorhydrique concentrés. } *Sulfate de calcium* (§ 181).

3. Gouttelettes arrondies, très réfringentes, à éclat argentin. } *Graisse* (§ 164).

4. Masses jaunes granuleuses (voy. B, 10)...... *Bilirubine.*

B. Le sédiment est *cristallin* :

1. Cristaux jaunes ou bruns en forme de rhomboèdres, de losanges ou de fuseaux, isolés ou groupés de diverses manières (fig. 18-20, p. 48 et 49), seuls ou accompagnés d'urates et d'oxalate de calcium; solubles dans la soude; l'acide chlorhydrique concentré ajouté à la solution donne lieu au bout de quelques heures à un dépôt de petites tables rhomboïdales jaunes. } *Acide urique* (§§ 174 et 175).

2. Octaèdres incolores (jaunes si l'urine est ictérique), transparents, très réfringents, à arêtes vives, souvent en enveloppes de lettres (quelquefois prismes quadrangulaires terminés par des pyramides), insolubles dans l'acide acétique, solubles dans l'acide chlorhydrique. } *Oxalate de calcium* (§ 177).

3. Grands cristaux en forme de couvercle de cercueil (dans l'urine très peu acide), offrant quelque ressemblance avec ceux de l'oxalate de calcium, mais solubles dans l'acide acétique. } *Phosphate ammoniaco-magnésien* (§§ 178 et 179).

4. Petits cristaux tabulaires, réguliers, à six côtés, insolubles dans l'acide acétique, solubles dans l'ammoniaque. } *Cystine* (§ 182).

5. Cristaux incolores en forme de pierre à aiguiser, insolubles dans l'acide acétique, solubles
dans l'ammoniaque; la solution dans l'acide
chlorhydrique laisse déposer de petites tables
hexagonales. | *Xanthine* (§ 183).

6. Grands cristaux rhombiques, allongés, très
minces, fortement réfringents ; le carbonate
d'ammonium les rend opaques et détruit leurs
angles (se trouvent aussi dans l'urine alca-
line). | *Phosphate basique
de magnésium*
(§§ 178 et 179).

7. Prismes isolés ou agglomérés. | Solubles dans l'ammo-
niaque. | *Acide hippurique*
(§ 176).
| Insolubles dans l'ammo-
niaque et les acides. | *Sulfate de calcium*
(§ 181).

8. Prismes terminés en pointes cunéiformes, isolés ou réunis en amas étoilés; solubles dans
l'acide acétique, se désagrégeant dans l'am-
moniaque. | *Phosphate neutre
de calcium* (§§ 178
et 179).

9. Houppes de fines aiguilles, insolubles dans
l'acide acétique, solubles dans l'ammoniaque
et l'acide chlorhydrique. | *Tyrosine* (§ 184).

10. Petites tables rhomboïdales jaunes, seules
ou accompagnées de masses granuleuses amorphes de même couleur, solubles dans la soude;
au contact de l'acide azotique concentré, elles
s'entourent d'une auréole multicolore, dans
laquelle on distingue une zone verte. | *Bilirubine* (§ 185).

11. Cristaux aciculaires, quelquefois rhombiques,
jaune d'or ou jaune brunâtre, se colorant en
bleu au contact de l'acide azotique. | *Hématoïdine* (§ 187).

II. L'urine a une réaction alcaline.

Si l'urine ne devient alcaline qu'après la miction, elle
peut aussi contenir des éléments des sédiments de l'urine
acide, tels que l'acide urique, l'oxalate de calcium, le sulfate de calcium, etc.

Si l'urine est éliminée avec une réaction alcaline ou
si elle dépose un sédiment pendant qu'elle devient alcaline, on peut rencontrer les éléments suivants :

A. Le sédiment est *amorphe*.

1. Il se compose de petits granules, solubles dans l'acide acétique.	Sans dégagement gazeux.	*Phosphates terreux* (§§ 178 et 179).
	Avec dégagement de bulles gazeuses.	*Carbonates terreux* (§ 180).
2. Masses en forme d'haltères, solubles dans l'acide acétique avec dégagement de bulles gazeuses.		*Carbonate de calcium* (§ 180).
3. Masses sphéroïdales de couleur foncée, hérissées de pointes cristallines ; solubles dans l'acide chlorhydrique ou acétique avec dépôt ultérieur de tables rhomboïdales d'acide urique.		*Urate d'ammonium* (§ 175).

B. Le sédiment est *cristallin*.

1. Grands prismes incolores en forme de couvercle de cercueil, très solubles dans l'acide acétique.	*Phosphate ammoniaco-magnésien* (§§ 178 et 179).
2. Amas d'aiguilles capillaires bleues et petits cristaux tabulaires bleus (voy. § 73).	*Uroglaucine ou indigotine* (§ 186).

En suivant la marche indiquée dans le tableau précédent, on arrivera facilement et rapidement à reconnaître la nature du sédiment soumis à l'examen ; mais il sera toujours convenable de confirmer le résultat obtenu par une étude plus complète, pour laquelle on se basera sur les indications que nous allons maintenant donner sur chaque sédiment en particulier, ainsi que sur celles déjà fournies dans les chapitres relatifs aux éléments normaux ou pathologiques de l'urine.

174. Acide urique et urates. — Les *sédiments d'urates* s'observent surtout dans les affections fébriles aiguës (pneumonie, rhumatisme), ou dans les exacerbations aiguës des maladies chroniques, ainsi que dans les troubles digestifs (dyspepsie, catarrhe chronique de l'estomac) ou respiratoires (dyspnée cardiaque, asthme, emphysème pulmonaire).

La formation des sédiments d'urates dans ces différents

cas ne doit pas toujours être attribuée à la présence d'une
quantité exagérée d'acide urique dans l'urine; ainsi, par
exemple, dans le rhumatisme articulaire aigu, les urines
donnent un dépôt d'urates très abondant, et cependant
on a constaté que la proportion de l'acide urique atteint
à peine la normale. La précipitation des urates a le plus
souvent pour cause un excès d'acidité de l'urine, dû à
la présence d'une proportion anormale de phosphates
acides, qui transforment les urates neutres en sels acides
(ou même en acide urique libre) beaucoup moins solubles,
ou bien elle tient à ce que le volume de l'urine éliminée
en vingt-quatre heures étant diminué, celle-ci ne renferme plus assez d'eau pour maintenir tous les urates en
dissolution; le refroidissement de l'urine, après sa sortie
de la vessie, contribue aussi dans une certaine mesure à la
précipitation des urates, qui sont bien plus solubles à
chaud qu'à froid.

On rencontre aussi parfois de pareils sédiments chez
des personnes en parfaite santé, par exemple, après un
violent exercice du corps, un repas copieux, à la suite
de sueurs abondantes, ou lorsque l'urine est, comme en
hiver, exposée à une basse température.

Dans l'urine des nouveau-nés, il se forme fréquemment
un dépôt de masses cylindriques, constituées par des
urates, qui se sont déposés dans les tubuli des reins à
l'état de granulations ou de corps polyédriques ou globuleux, colorés en brunâtre ou en rougeâtre. Enfin, pendant
la première période de la décomposition de l'urine abandonnée à elle-même au contact de l'air, il se forme également des précipités d'urates acides et d'acide urique
libre, par suite de la décomposition des urates neutres par
les phosphates acides. (Voy. §§ 17 et 38.)

Les *sédiments d'acide urique libre* sont plus rares, et

ils sont tantôt seuls, tantôt mélangés avec des urates; dans le premier cas, ils sont parfois expulsés en même temps que l'urine sous forme de grains cristallins (*sable* ou *gravelle urique*), ce qui indique qu'ils se sont produits à l'intérieur des voies urinaires, et alors on peut craindre la formation d'un calcul rénal ou vésical.

175. *Caractères.* — Les sédiments d'*urates* se présentent ordinairement sous l'aspect de dépôts colorés en jaune vif ou en rouge brique par les pigments urinaires, ou biliaires, si l'urine est ictérique. Ils sont le plus souvent formés par un mélange de plusieurs urates, parmi lesquels ceux de potassium et de sodium sont les plus fréquents; on y trouve aussi quelquefois de l'urate d'ammonium, plus

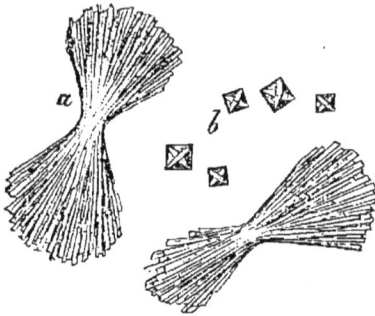

Fig. 50. — Sédiment d'acide urique (*a*) et d'oxalate de calcium (*b*).

rarement des urates de calcium et de magnésium; parfois, on peut y constater également la présence de l'acide urique libre et de l'oxalate de calcium (fig. 50).

Ces sédiments offrent au microscope l'apparence de fines granulations amorphes groupées irrégulièrement, se redissolvant lorsqu'on vient à chauffer l'urine vers 50° et se précipitant de nouveau par le refroidissement. Lorsque la proportion des urates est considérable, ceux-ci peuvent masquer les autres éléments des sédiments (cristaux d'acide urique et d'oxalate de calcium); si, dans ce cas, on filtre rapidement l'urine encore chaude, l'acide urique et l'oxalate de calcium resteront sur le filtre et il sera plus facile de les reconnaître.

Si on dissout les urates dans l'eau bouillante, ils peuvent se séparer par le refroidissement sous les formes repré-

sentées par la figure 51. Traitées par un acide, les granulations se dissolvent et sont remplacées au bout de quelque
temps par des cristaux d'acide urique.

L'*urate d'ammonium*, qui se rencontre surtout dans les
urines alcalines, souvent mélangé à un précipité de phos-

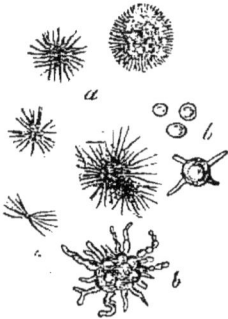

Fig. 51. — Urate de sodium en groupes
de cristaux aciculaires (*a*), et en masses
sphériques (*b*).

Fig. 52.
Urate d'ammonium.

phates terreux, se présente sous forme de granulations
ou de petits amas globuleux hérissés de pointes fines
(fig. 52).

Les sédiments d'*acide urique libre* offrent au microscope les différentes formes qui ont été décrites et figurées
précédemment (§ 37). Ils ont ordinairement une couleur
jaune foncé, rouge orangé ou brun et se déposent souvent
sur les parois du vase contenant l'urine; ils se dissolvent
dans la soude et la potasse, et en saturant la solution par
un acide on régénère les cristaux d'acide urique.

Tous les sédiments d'urates et d'acide urique donnent
la *réaction de la murexide* (voy. § 39).

176. Acide hippurique. — Les sédiments d'acide hippurique sont assez rares; nous avons indiqué précédemment
les circonstances dans lesquelles ils peuvent se produire
(§ 48), ainsi que les formes cristallines sous lesquelles ils
se présentent (§ 45).

Les cristaux d'acide hippurique ressemblent quelquefois à certaines formes d'acide urique et de phosphate ammoniaco-magnésien, mais ils se distinguent du premier de ces corps, parce qu'ils ne donnent pas la réaction de la murexide, et du second par leur insolubilité dans l'acide chlorhydrique.

177. Oxalate de calcium. — On trouve quelquefois des cristaux d'oxalate de calcium dans l'urine de personnes parfaitement saines, soit sous forme d'un sédiment déposé au fond du vase, soit en suspension dans le nuage de mucus qui prend naissance au sein de l'urine abandonnée au repos. Dans plusieurs maladies, ainsi qu'à la suite de l'ingestion de certains végétaux, il peut se produire un sédiment abondant d'oxalate calcaire (voy. § 58); cette combinaison se précipite également en même temps que des urates acides et de l'acide urique pendant les premières phases de la décomposition de l'urine.

Un sédiment d'oxalate de calcium est caractérisé par la présence des petits octaèdres ou des *dumb-bells* décrits et figurés précédemment (§ 55, fig. 26); ces cristaux offrent quelquefois de la ressemblance avec certaines formes du chlorure de sodium ou du phosphate ammoniaco-magnésien, mais ils se distinguent du premier par leur insolubilité dans l'eau et du second par leur insolubilité dans l'acide acétique. Lorsque, comme cela arrive fréquemment, les cristaux d'oxalate de calcium sont accompagnés d'une grande quantité d'urates, on peut les isoler de ces derniers en procédant comme il a été dit plus haut (§ 173).

178. Phosphates terreux. — Tandis que les dépôts uratiques s'observent principalement dans les affections aiguës et les urines acides, les sédiments de phosphates terreux se rencontrent surtout dans les maladies chroniques (phtisie, rachitisme, ostéomalacie) et seulement dans les urines neutres ou alcalines. La présence de ces sédiments n'est point l'indice d'un excès de phosphates terreux dans l'urine; comme nous l'avons expliqué précédemment, elle est due à un changement dans la réaction de ce liquide, qui, normalement acide, devient neutre ou alcalin et ne peut plus alors retenir les phosphates terreux en dissolution (voy. § 94).

Lorsque l'urine renferme un sédiment de phosphates terreux au moment où elle vient d'être émise, il est évident que ce sédiment s'est formé à l'intérieur de la vessie, et l'on peut alors conclure à l'existence d'une altération de l'urine dans les voies urinaires mêmes, altération dont on doit rechercher la cause (néphrite, cystite, introduction dans l'organisme de carbonates alcalins ou de sels à acides végétaux, etc.); si le phénomène persiste pendant longtemps, on peut craindre la formation de calculs vésicaux.

Fig. 53. — Cristaux de phosphate ammoniaco-magnésien déposés spontanément dans l'urine.

179. *Caractères.* — Parmi les phosphates terreux qui peuvent se trouver dans les sédiments, le plus facile à reconnaître est le *phosphate ammoniaco-magnésien (phosphate triple)*; ce sel se présente sous forme de prismes à trois pans, dont les extrémités sont taillées de façon à donner à l'ensemble l'apparence d'un couvercle de cercueil (fig. 53 et 54); ces cristaux ont des dimensions considérables et sont très solubles dans l'acide acétique.

Lorsque le phosphate triple se dépose par l'évaporation rapide d'une urine alcaline, il se présente sous forme d'arborisations comme celles qui sont représentées par la figure 55.

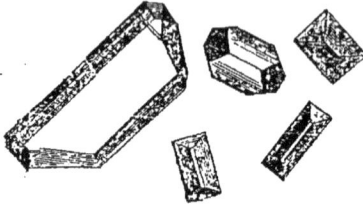

Fig. 54. — Autres cristaux de phosphate ammoniaco-magnésien.

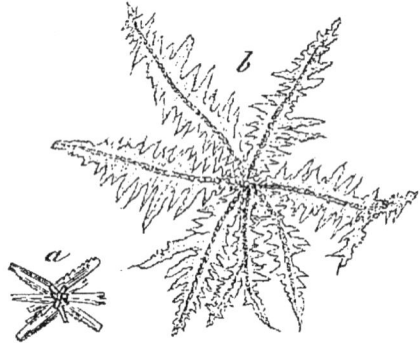

Fig. 55. — Groupe de cristaux de phosphate ammoniaco-magnésien obtenus par l'évaporation rapide de l'urine.

Toute urine devenue alcaline ou émise avec cette réaction laisse déposer un sédiment dans lequel on trouve une grande quantité de *phosphates de calcium* et de *magnésium*, sous forme de granulations amorphes et transparentes ou de petites plaques arrondies, faciles à distinguer des granulations uratiques, parce qu'elles ne se redissolvent pas à chaud. Ces phosphates sont seuls ou mélangés de quelques cristaux de phosphate triple, et ils forment souvent un sédiment assez épais, offrant une coloration blanc grisâtre, qui pourrait le faire prendre au premier abord pour un dépôt purulent (voy. § 192).

Le *phosphate de calcium* peut également se présenter en cristaux prismatiques à six pans ou aiguillés, incolores, soit isolés, soit réunis en rosaces ou croisés à angle droit ; ces cristaux se distinguent facilement de l'acide urique par leur solubilité dans l'acide acétique.

On trouve aussi quelquefois, dans les urines neutres ou

alcalines très concentrées, des cristaux de *phosphate de magnésium*, sous forme de grandes tables minces rhomboïdales, très réfringentes.

Les sédiments de phosphates terreux sont blancs, à moins que l'urine ne renferme du sang; ils sont insolubles dans l'eau et les alcalis, facilement solubles dans les acides minéraux et l'acide acétique. A l'état cristallisé, ils peuvent être distingués les uns des autres, d'après *Stein*, par la manière dont ils se comportent au contact d'une solution de carbonate d'ammonium à 20 p. 100 :

Le phosphate triple n'est pas altéré; le phosphate de magnésium devient au contraire opaque, rugueux, ses angles sont comme rongés ; enfin, le phosphate de calcium se recouvre d'un grand nombre de très petits globules, qui, au bout de quelques heures, deviennent anguleux et se transforment en un amas de petits cristaux de carbonate calcaire.

180. Carbonate de calcium. — Les sédiments de phosphates terreux renferment quelquefois du *carbonate de calcium* sous forme de granulations ou d'agrégats en dumb-bells; ces derniers pourraient être confondus avec les formes analogues de l'oxalate de calcium, mais s'en distinguent facilement, parce que, de même que les granulations, ils se dissolvent dans l'acide acétique avec dégagement de bulles gazeuses.

181. Sulfate de calcium. — Ce sel n'entre que très rarement dans la composition des sédiments; il n'a été observé que dans l'urine très acide, sous forme de longues aiguilles incolores ou de cristaux tabulaires, insolubles dans l'ammoniaque et l'acide acétique, difficilement solubles dans les acides azotique et chlorhydrique.

182. Cystine. — Les sédiments de cystine sont rares; ils coïncident quelquefois avec le développement de calculs

de cette même substance; ils peuvent d'ailleurs être éliminés pendant longtemps sans qu'il en résulte une altération de la santé générale. Ils se déposent généralement
dans la vessie même au sein de l'urine acide sous forme
de petites tables hexagonales, incolores, transparentes,
et solubles dans l'ammoniaque. (Voy. §§ 160 et 161.)

183. Xanthine. — Les sédiments de cette substance sont
aussi très rares. Ils ont été signalés par *Bence Jones*

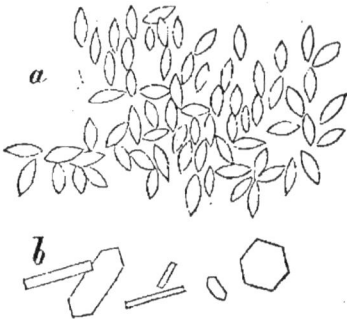

Fig. 56. — Xanthine.

chez un jeune garçon atteint
de coliques néphrétiques; dans
ce cas, la xanthine était sous
forme de cristaux offrant l'apparence de pierres à aiguiser
(fig. 56, *a*); lorsqu'on chauffait
l'urine trouble, le sédiment se
redissolvait (distinction d'avec
l'acide urique) et la solution
chlorhydrique de ce dernier
laissait déposer, par évaporation, des cristaux de la
forme *b*, solubles dans l'eau. La xanthine a été également
rencontrée sous forme de granules. (Voy. § 34.)

184. Tyrosine. — La présence de la tyrosine dans les
sédiments est extrêmement rare; elle a été constatée dans
l'atrophie jaune aiguë du foie. (Voy. §§ 158 et 159.)

185. Bilirubine. — La bilirubine a été rencontrée dans
quelques cas rares (ictère, pyonéphrose), au milieu de sédiments, à l'état amorphe ou sous forme de petites tables
rhomboïdales ou d'aiguilles colorées en jaune ou en brunâtre, très solubles dans les alcalis et le chloroforme, et
donnant avec l'acide azotique la réaction des pigments
biliaires (coloration verte). (Voy. §§ 145 et 146.)

186. Uroglaucine ou indigotine. — Lorsque l'urine renferme beaucoup d'indican, celui-ci peut, surtout si le

liquide a subi un commencement de décomposition, donner naissance à des cristaux d'indigotine (aiguilles disposées en étoiles ou lamelles *colorées en bleu*), qui se déposent au fond du vase ou se rassemblent à la surface de l'urine. (Voy. §§ 71 et 72.)

187. Hématoïdine. — Différents observateurs ont signalé récemment la présence de l'hématoïdine dans les sédiments urinaires. Ce produit de décomposition de la matière colorante du sang a été, en effet, trouvé dans un cas de pyélonéphrite avec rein mobile (*Ebstein*), dans la néphrite des femmes enceintes (*Leyden* et *Hiller*), dans l'atrophie granuleuse et la dégénérescence amyloïde des reins, la néphrite scarlatineuse, la fièvre typhoïde, le carcinome du foie avec ictère intense et urine presque noire (*Fritz*), dans le cancer de la vessie (*Ultzmann* et *Hoffmann*). Dans ces différents cas, l'hématoïdine s'est présentée sous forme de cris-

Fig. 57. — Cristaux d'hématoïdine.

taux le plus souvent aciculaires, quelquefois rhombiques (fig. 57) et alors semblables à ceux que l'on rencontre dans les points de l'économie où du sang extravasé a longtemps séjourné. Ces cristaux sont rarement libres, mais presque toujours réunis en faisceaux ou en étoiles, ordinairement appliqués à la surface de cylindres ou de cellules épithéliales ; ils offrent une couleur variant du jaune d'or au rouge brunâtre et ils se distinguent de la bilirubine, avec laquelle ils pourraient être confondus, par la coloration bleue fugace qu'ils prennent au contact de l'acide azotique. (Avec la bilirubine la coloration est verte ; voy. § 183.)

188. Cholestérine. — La cholestérine se rencontre très rarement sous forme de sédiment; on ne l'a trouvée que dans quelques cas de chylurie et de dégénérescence graisseuse des reins. (Voy. §§ 152-154.)

SÉDIMENTS ORGANISÉS.

189. Éléments des sédiments organisés. — Les sédiments organisés peuvent être formés par du mucus, du pus, du sperme, des cellules épithéliales, des cylindres urinaires, du sang, des débris de tissus et des parasites animaux ou végétaux.

190. Conservation des sédiments organisés. — Il est quelquefois utile de conserver pendant un certain temps les préparations microscopiques des sédiments organisés, afin de pouvoir comparer entre eux les produits éliminés aux différentes périodes de l'affection; on peut alors se rendre un compte plus exact de la marche du processus morbide. Dans ce but, on ajoute d'abord au sédiment une goutte d'une solution aqueuse d'acide osmique au centième, qui fixe les éléments dans leurs formes; après un contact de quelques minutes, on colore avec une solution de picro-carminate d'ammonium et on ajoute un peu de glycérine. (Voy. aussi §§ 193 et 201.)

Mucus. — Pus. — Sperme.

191. Mucus. — L'urine normale contient toujours une petite quantité de mucus provenant de la vessie, de l'urèthre et du vagin chez la femme. Comme nous l'avons déjà dit (§ 1), ce mucus se présente généralement sous forme d'un léger nuage (*nubecula*), qui par le repos descend peu à peu au fond du vase et dont la présence est facile à constater en regardant par transparence l'urine contenue dans un verre. Si l'on examine au microscope le dépôt ainsi produit, on le trouve formé de masses granuleuses et de filaments de mucus, entre lesquels on aperçoit quelques leucocytes et des cellules épithéliales de la vessie, de l'urèthre et du vagin.

Lorsque, sous l'influence d'un état pathologique, il est éliminé une plus grande quantité de mucus, le nuage muqueux devient plus épais et finit, en se déposant, par donner naissance à un sédiment plus ou moins abondant. Si l'on filtre l'urine, ce dernier reste sur le filtre sous forme d'une masse visqueuse, qui, après dessiccation, offre le brillant d'un vernis.

Le liquide filtré contient, surtout si l'urine est alcaline, de petites quantités de *mucine* (dont il est facile de reconnaître la présence d'après le § 76), mais pas d'albumine, à moins que le sédiment ne soit mélangé de pus (voy. § 192). L'ébullition ne produit pas de coagulation dans une urine renfermant du mucus (sans albumine), mais si on y ajoute de l'acide acétique, le mucus se condense en gros flocons ou sous forme de filaments microscopiques, striés longitudinalement, insolubles dans un excès d'acide; la teinture d'iode diluée produit le même effet et de plus rend les flocons et les filaments muqueux plus apparents, en les colorant.

Les sédiments muqueux renferment toujours des cellules épithéliales des voies urinaires et quelques leucocytes; souvent aussi on y trouve des cristaux d'oxalate de calcium, d'urates et de phosphate triple, des spermatozoïdes, etc.

La quantité du mucus est augmentée dans toutes les affections catarrhales des voies urinaires, comme dans les états fébriles qui déterminent une congestion rénale intense.

192. **Pus.** — On rencontre du pus dans l'urine toutes les fois qu'il existe une inflammation intense (catarrhe purulent ou abcès) dans quelque partie de l'appareil urinaire (urèthre, vessie, uretères, bassinets, reins) ou bien lorsqu'un foyer purulent situé dans le voisinage de cet appareil vient à s'y ouvrir. Chez la femme le pus peut aussi provenir des organes génitaux.

L'urine qui renferme du pus est trouble, gris jaunâtre sale, et elle laisse déposer par le repos, au bout d'un temps plus ou moins long, suivant qu'elle est peu ou au contraire très riche en cet élément, un sédiment grisâtre plus ou moins abondant. Si on filtre cette urine, le dépôt purulent reste sur le filtre et le liquide filtré contient de l'albumine provenant du sérum du pus.

En examinant le sédiment au microscope, on y trouve un très grand nombre de petits corps arrondis — *corpuscules* ou *globules du pus, leucocytes* (fig. 58, *a*), — remplis de granulations brillantes, au milieu desquelles on aperçoit un ou deux noyaux dont la présence est facile à constater, après dissolution des granulations par l'acide acétique (fig. 58, *b*).

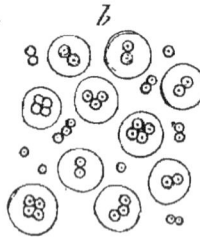

Fig. 58. — Globules du pus.

Les alcalis altèrent profondément les globules du pus et les convertissent en une masse mucoso-gélatineuse; c'est pour cela que, lorsqu'une urine chargée de pus est ammoniacale, ce qui est du reste assez fréquent, le sédiment se présente sous forme d'une masse visqueuse et filante, adhérente au fond du vase, dans laquelle il est difficile de trouver des globules de pus avec leurs caractères normaux; ces corpuscules sont, en effet, devenus clairs, vitreux; leurs contours sont peu visibles et leurs noyaux à peine reconnaissables.

Cette action des alcalis peut être mise à profit pour la *recherche du pus* et sa distinction d'avec le mucus. Si on mélange l'urine avec une solution concentrée de potasse, il se forme un coagulum gélatineux, dans le cas de la présence de pus, tandis que, s'il s'agit de mucus, celui-ci se liquéfie et se dissout. Mais l'urine peut renfermer à la fois du mucus et du pus (*muco-pus*); dans ce cas, l'acide acétique y produit à froid un léger trouble (mucine), l'examen microscopique y fait reconnaître un grand nombre de globules purulents, et le liquide préalablement filtré donne, lorsqu'on le chauffe après l'avoir acidulé avec de l'acide acétique, un coagulum albumineux.

Dans l'uréthrite chronique, l'urine renferme souvent des filaments, que le microscope montre formés de globules de pus agglutinés, au milieu desquels se trouvent quelques cellules épithéliales.

Les sédiments purulents peuvent renfermer des cristaux de phosphate ammoniaco-magnésien et d'urate d'ammonium (urines ammoniacales), des globules sanguins, des cylindres urinaires, des cellules épithéliales.

Les sédiments de phosphates terreux qui offrent une certaine ressemblance avec les dépôts purulents, se distinguent de ces derniers par leur solubilité dans l'acide acétique.

193. Sperme. — On peut trouver du sperme dans l'urine à la suite du coït et des pollutions, des attaques d'épilepsie ou d'apoplexie, dans la spermatorrhée et pendant le cours de certaines maladies (fièvre typhoïde).

En général, l'urine n'est pas troublée ou seulement très peu par la présence du sperme. Si on la laisse reposer dans un verre conique, on voit bientôt apparaître un nuage blanchâtre qui, en se précipitant peu à peu au fond du vase, finit par former, au bout de dix à douze heures, un dépôt blanc grisâtre, nettement limité, quand l'urine ne contient pas de mucus. Mais il n'est pas possible de reconnaître à la simple inspection si ce dépôt est réellement constitué par du sperme; il faut absolument avoir recours à l'examen microscopique.

Dans ce but, on décante aussi complètement que possible le liquide clair qui surnage, et, à l'aide d'une pipette, on prélève, en procédant, comme il a été dit précédemment (§ 171), quelques gouttes du sédiment qu'on dépose sur le porte-objet. S'il s'agit de sperme, on découvre alors des *spermatozoïdes;* ces éléments caractéristiques de la liqueur séminale se composent de deux parties, dont l'une, la tête, est ovoïde ou plutôt triangulaire et légèrement aplatie, et l'autre, la queue, est filiforme et terminée par une pointe

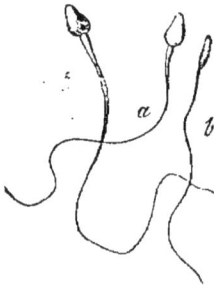

Fig. 59.
Spermatozoïdes.

très fine (fig. 59). Dans le sperme récemment éjaculé, les spermatozoïdes sont animés d'un mouvement très vif, qui ne peut être observé que rarement, à moins qu'on n'examine l'urine immédiatement après la miction.

Les spermatozoïdes ne se présentent pas toujours entiers; quelquefois leur queue est brisée; dans ce cas, il est cependant encore facile de reconnaître l'existence d'une tête ou d'un prolongement caudal, qui est alors beaucoup plus court. La présence de ces éléments entiers ou brisés suffit à elle seule pour démontrer que l'on a bien affaire à un sédiment spermatique.

Les cellules rondes, finement granuleuses, observées

par *Clemens* et les noyaux sphériques légèrement granuleux et sans nucléole décrits par *Ch. Robin* n'ont aucune valeur diagnostique, si les spermatozoïdes sont absents; ces éléments ont été rencontrés principalement dans les cas de spermatorrhée. L'existence de spermatozoïdes mal développés, signalée dans les sédiments par certains auteurs, est, suivant *Ch. Robin*, tout à fait inadmissible.

Si on laisse le sperme se dessécher sur le porte-objet, on peut y reconnaître des cristaux (*cristaux du sperme*) prismatiques ou pyramidaux, incolores ou jaunâtres et groupés en étoiles, qui autrefois considérés, par *Ch. Robin* et d'autres, comme du phosphate de magnésium ou de calcium, et par *Boettger* comme de nature albuminoïde, seraient, suivant *Schreiner*, une combinaison d'acide phosphorique avec une substance organique.

Les sédiments spermatiques renferment très souvent des cristaux d'oxalate de calcium (surtout dans la spermatorrhée), des leucocytes, des cellules épithéliales, des granulations d'urates, des cristaux d'acide urique ou de phosphate ammoniaco-magnésien.

Le sperme contient une matière albuminoïde, la *spermatine*, qui est précipitée par l'acide acétique comme la mucine, mais se distingue de celle-ci par sa solubilité dans un excès d'acide.

Cellules épithéliales. — Cylindres urinaires. Débris de tissus.

194. Cellules épithéliales. — La desquamation de l'épithélium des différentes régions de l'appareil urinaire s'observe dans un grand nombre d'affections; les cellules éliminées dans ces circonstances sont entraînées au dehors avec l'urine, au fond de laquelle elles forment par

le repos un sédiment blanchâtre plus ou moins abondant.
Comme ces cellules diffèrent avec la région d'où elles proviennent, on doit pouvoir, en examinant le sédiment,
déterminer cette région et par suite aussi le siège du
processus morbide. Les cellules épithéliales que l'on
trouve dans les sédiments peuvent provenir des reins,
des bassinets ou des uretères, de la vessie ou de l'urèthre,
ou du vagin, chez la femme. Voici, d'après *Bizzozero*, quels
sont les caractères distinctifs des cellules de ces différentes régions :

a. Cellules des reins. — Ce sont des masses de forme
variable, souvent polyédrique, avec protoplasma granuleux (cellules des tubes contournés du la-
byrinthe) ou clair (branche descendante
de *Henlé*), renfermant un noyau ovalaire
nucléolé (fig. 60). Ces cellules se distinguent de celles des uretères et de la vessie, parce qu'elles sont plus petites que
celles des couches superficielles de la muqueuse de ces régions, et qu'elles ont une
forme tout à fait différente des cellules des

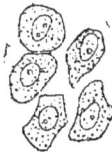

Fig. 60. — Cellules
polyédriques de l'é-
pithélium rénal (né-
phrite scarlatineuse).
400 diam. (D'après
Bizzozero.)

couches profondes; en outre, elles diffèrent des cellules
de l'épithélium vaginal ou de la portion profonde de
l'urèthre parce qu'elles sont plus petites, plus granuleuses
et à contours plus délicats; enfin, le simple examen suffit
pour les différencier des cellules cylindriques de l'urèthre
de l'homme.

Mais sous l'influence de certains processus morbides ou
simplement par un séjour prolongé dans l'urine, les cellules rénales perdent en partie les caractères que nous
venons d'indiquer : parfois elles se gonflent et deviennent
presque sphériques ou se colorent en jaune ou se chargent
de granulations provenant de la matière colorante du

nt.
ro-
nt;
du
'on
ns;
re;
els
ffé-

me
nu-
la-
nte
ure
tin-
res-
que

nu-
une
des
iles
de
ises
iffil
hre

, ou
cel-
ous
ent
ent
du

sang; d'autres fois on y trouve des globules hyalins (fig. 61), ou bien leur protoplasma devient complètement opaque et alors le noyau ne peut être reconnu qu'après l'action de l'acide acétique. Dans ces cas, la détermination de l'origine des cellules n'est possible que par voie d'exclusion; si, par exemple, les éléments observés ne présentent les caractères ni des leucocytes, ni des épi-

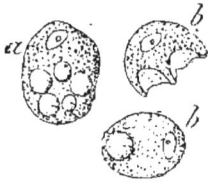

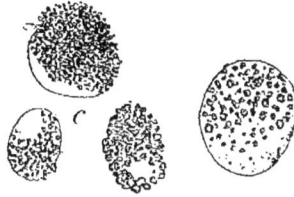

Fig. 61. — Épithélium rénal dans la néphrite desquamative : a, cellule contenant des globules hyalins; b, cellule présentant à sa surface des niches laissées par l'expulsion de globules hyalins. 400 diam. (D'après Bizzozero.)

Fig. 62. — Cellules du rein en dégénérescence graisseuse dans un cas de néphrite parenchymateuse chronique. 400 diam. (D'après Bizzozero.)

théliums des voies urinaires, on pourra admettre que l'on a affaire à des cellules rénales. Il arrive aussi fréquemment que les cellules des tubes urinifères sont atteints de dégénérescence graisseuse (fig. 62); leur protoplasma est alors rempli de gouttelettes brillantes, résistant à l'action de l'acide acétique, et le noyau peut être invisible. Enfin, on trouve quelquefois les cellules, altérées ou non, à l'intérieur de cylindres urinaires (fig. 71, c, et 72, e, p. 211) ou groupées sous forme de tubes reproduisant la forme des tubes dont elles formaient primitivement le revêtement; on désigne ces groupes cellulaires sous le nom de *cylindres épithéliaux* de l'urine.

Les sédiments formés de cellules des reins sont surtout abondants dans les inflammations parenchymateuses de ces organes et, dans la néphrite desquamative, ces cellules forment la majeure partie du dépôt; dans la néphrite diffuse passée à l'état chronique, les cellules apparaissent dans l'urine après avoir subi la dégénérescence graisseuse.

b. Cellules épithéliales des bassinets, des uretères et de la vessie. — L'épithélium présente les mêmes caractères dans ces organes; il se compose de trois couches de cellules

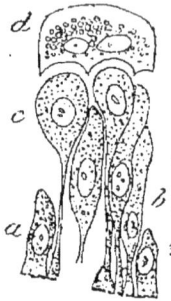

Fig. 63. — Épithélium des voies urinaires : *a*, cellule de la couche profonde; *b*, cellule allongée de la couche moyenne; *c*, cellule piriforme de la même couche; *d*, cellule superficielle aplatie. 400 diam. (D'après Bizzozero.)

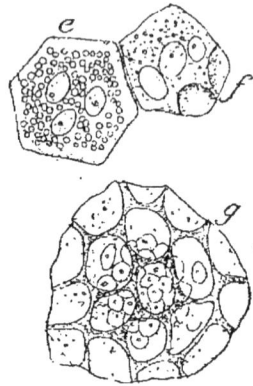

Fig. 64. — Cellules superficielles de l'épithélium des voies urinaires : *e*, cellule contenant trois noyaux et de nombreuses granulations; *f*, cellules laissant voir les niches de sa face profonde dans lesquelles viennent se loger les extrémités supérieures des cellules moyennes; *g*, grande cellule avec de nombreux noyaux et des niches. 370 dia. (D'ap. Bizzozero.)

(fig. 63 et 64) : une couche profonde, formée de cellules ovales à base large et aplatie (*a*, fig. 63), une couche moyenne, constituée par des cellules arrondies ou ovalaires, munies inférieurement de un ou deux prolongements filiformes (*b* et *c*), enfin une couche superficielle composée de cellules polyédriques, dont la face inférieure envoie de courts prolongements entre les éléments de la couche moyenne (*d* et fig. 64). Les cellules des deux premières couches sont pourvues d'un noyau vésiculeux, ovale, à contour homogène et nucléolé. et leur proto-

plasma contient de petites granulations. Le protoplasma
des cellules superficielles est constitué du côté de la surface libre par une couche finement granuleuse et homogène ; plus profondément, il renferme des globules
sphériques, pâles, entre lesquels on trouve les noyaux
cellulaires, enfin au-dessous de ceux-ci, le protoplasma
devient plus clair et homogène.

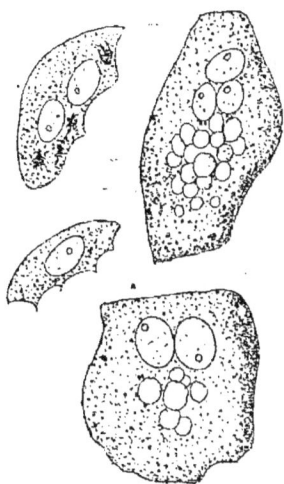

Fig. 65. — Épithélium vésical (catarrhe
vésical avec néphrite). 400 diam.
(D'après Bizzozero.)

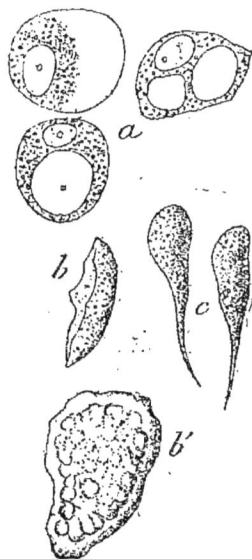

Fig. 66. — Épithélium vésical altéré dans
l'urine : a, cellules de l'urine alcaline,
l'une gonflée, l'autre présentant des
vacuoles ; b, b', cellules superficielles ;
c, cellules piriformes trouvées dans un
cas de néphrite parenchymateuse. 400
diam. (D'après Bizzozero.)

On ne peut, suivant *Bizzozero*, constater de différence
entre l'épithélium des voies urinaires inférieures et celui
de la vessie que dans les cellules superficielles, qui, dans
la vessie, sont pourvues de noyaux très nombreux et
atteignent de très grandes dimensions.

Ces éléments épithéliaux de la vessie peuvent quelquefois être retrouvés presque intacts dans l'urine (fig. 65),

12

mais le plus souvent leur caractère s'est sensiblement modifié : ainsi, le protoplasma peut devenir assez opaque pour masquer entièrement les noyaux (fig. 66, *b*, *b'*), ou bien, comme cela s'observe surtout avec les urines alcalines, les cellules se gonflent et s'arrondissent, ou elles se remplissent de gouttelettes pâles et transparentes (fig. 66, *a*). Malgré ces altérations, on pourra distinguer ces cellules de celles de l'épithélium rénal, mais il sera plus facile de les confondre avec certaines cellules pavimenteuses de la vulve et du prépuce, qui cependant en diffèrent par leur protoplasma clair et homogène, leur noyau unique avec nucléole peu apparent (voy. plus loin *d*).

C'est surtout dans les inflammations aiguës de la muqueuse des bassinets, des uretères et de la vessie, que l'on rencontre dans l'urine, avec des leucocytes, les cellules épithéliales que nous venons de décrire ; mais comme nous l'avons dit plus haut, il n'existe pas de différence entre les épithéliums de ces régions, il n'est pas possible, d'après leur examen, d'indiquer s'il s'agit d'un catarrhe des bassinets ou d'un catarrhe de la vessie ; toutefois la réaction de l'urine peut quelquefois éclairer le diagnostic, car ce liquide, ordinairement alcalin dans le catarrhe vésical, serait acide si l'on avait affaire à une affection des bassinets.

c. Cellules épithéliales du canal de l'urèthre de l'homme. — Les cellules qui forment l'épithélium du canal de l'urèthre chez l'homme sont cylindriques, souvent très allongées et amincies inférieurement ; elles sont granuleuses et pourvues d'un noyau ovale, au-dessus duquel on trouve une ou deux gouttelettes brillantes, ne disparaissant pas au contact de l'acide acétique (fig. 67).

d. Cellules de l'épithélium vulvo-vaginal, de l'extrémité de l'urèthre et du prépuce, chez l'homme. — Ces cellules

se présentent sous forme de grandes lamelles, irrégulièrement polygonales, limitées par un contour net; leur protoplasma est clair, assez homogène et pourvu d'un noyau
irrégulièrement ovalaire, nucléolé, peu distinct (fig. 68, *a*).

Fig. 67. — Épithélium cylindrique
superficiel de l'urèthre de l'homme. 400 diam. (D'après Bizzozero.)

Fig. 68. — Épithélium vaginal : *a*, cellule vieille, lamellaire ; *b*, cellule jeune,
ovoïde. 400 diam. (D'après Bizzozero.)

On peut aussi observer dans l'urine, mais plus rarement,
des jeunes cellules (fig. 68, *b*), qui se distinguent des
adultes par leurs plus petites dimensions, leur forme sphé-
rique et leur protoplasma finement granuleux; ces jeunes
cellules pourraient être confondues avec les leucocytes,
mais ces derniers sont plus petits, leurs contours sont
moins nets et ils ont plusieurs noyaux.

Les cellules du canal et de l'extrémité de l'urèthre, et
du prépuce chez l'homme, ainsi que celles de l'épithélium
vulvo-vaginal chez la femme, se rencontrent toujours en
petite quantité dans l'urine, mais leur proportion augmente notablement dans les inflammations catarrhales
de ces différentes régions.

195. Cylindres urinaires. — On donne ce nom à des produits allongés, cylindriques ou tubuliformes, qui, ayant
pris naissance dans les canalicules urinaires, et notamment
dans les tubes de Bellini, prennent plus ou moins la forme
de ces canalicules et en sont en quelque sorte des em-

preintes. Les cylindres urinaires se rencontrent dans les sédiments dans certaines affections du parenchyme rénal, pour le diagnostic desquelles ils offrent une très grande importance.

Rovida [1] admet trois variétés de ces produits : les *cylindres hyalins* ou *incolores*, les *cylindres jaunâtres* ou *cireux* et les *cylindroïdes*. A ces trois espèces, qui ne comprennent que les cylindres urinaires proprement dits, il convient d'ajouter les *cylindres épithéliaux*, dont nous avons parlé précédemment (§ 194, *a*), et les *cylindres hématiques*, formés de globules sanguins agglutinés, reproduisant la forme des tubes urinifères (voy. § 199); en outre, dans la pyélonéphrite parasitaire, on rencontre dans l'urine des cylindres volumineux, à aspect granuleux et qui sont surtout formés d'amas de bactéries (voy. plus loin, *a*); enfin, mentionnons aussi les *cylindres uratiques*, que l'on trouve fréquemment dans l'urine des nouveau-nés (voy. § 174).

Afin de faciliter l'observation des cylindres urinaires, qui sont souvent très pâles et quelquefois chargés de granulations d'urates ou de phosphates, il est toujours convenable de traiter le sédiment à examiner, sur le porte-objet, par une solution saturée d'acide chromique ou picrique; les cylindres sont colorés en rouge brun ou en jaunâtre par ces réactifs, qui décomposent en même temps les sels urinaires adhérents, et alors ils apparaissent avec plus de netteté. (*Bizzozero.*)

Cornil et *Ranvier* [2] emploient dans le même but le procédé suivant, qui a l'avantage de donner des préparations susceptibles d'être conservées : Lorsque le sédiment

[1] *Archivio per le scienze mediche*, vol. I, 1877.
[2] *Manuel d'histologie pathologique*, 2e édition, t. II, p. 538.

s'est déposé, on en prend avec une pipette un centimètre cube environ, que l'on verse dans un tube avec un volume égal de solution d'acide osmique au centième ; après avoir mélangé les deux liquides, et un contact de vingt-quatre heures, on remplit le tube avec de l'eau distillée, on agite avec précaution et on laisse reposer. Sous l'influence de l'acide osmique, les cylindres que peut contenir le dépôt prennent, suivant leur nature, une teinte plus ou moins foncée (noirâtre ou presque complètement noire avec les cylindres hyalins, gris pâle avec les cylindroïdes) et leur forme est parfaitement conservée. (Voy. § 190.)

a. Cylindres hyalins. — Ce sont des éléments droits ou courbés, transparents, très pâles et homogènes, de longueur et de grosseur variables, et dont les extrémités sont coupées nettes ou un peu arrondies ou irrégulièrement brisées, parfois amincies ou divisées en plusieurs parties ; les contours sont faiblement accusés et souvent ne figurent qu'une zone légèrement ombrée ; le diamètre est uniforme sur toute la longueur ou bien, au contraire, il diminue légèrement vers une des extrémités (fig. 69). Soumis à l'action de l'acide acétique très dilué, ces cylindres se rétractent, et ils se dissolvent si l'on emploie l'acide concentré, de même que lorsqu'on les chauffe à 70-80° avec l'urine ou à 30-40° avec de l'eau distillée.

On rencontre souvent, soit à la surface, soit à l'intérieur des cylindres hyalins des dépôts de différents éléments : granulations albuminoïdes ou graisseuses, cellules épithéliales du rein (fig. 69, *c*, 71, *b* et *c*, 72, *e*), noyaux libres, globules rouges (fig. 69, *b*, 72, *a*), leucocytes (fig. 69, *a*, 71, *a*, 72, *b*, *c*), granulations d'urates ou de phosphates, etc.

12.

Les granulations albuminoïdes, qui sont pâles et facilement solubles dans l'acide acétique, sont quelquefois en quantité telle que les cylindres perdent une partie de leur transparence et offrent un aspect complètement granuleux ; leur apparence peut aussi être profondément altérée lorsque les granulations graisseuses (fig. 69, c), avec contour foncé et centre brillant, forment un dépôt abondant. Les granulations albuminoïdes peuvent se rencontrer seules dans les cylindres, mais il n'en est pas de même

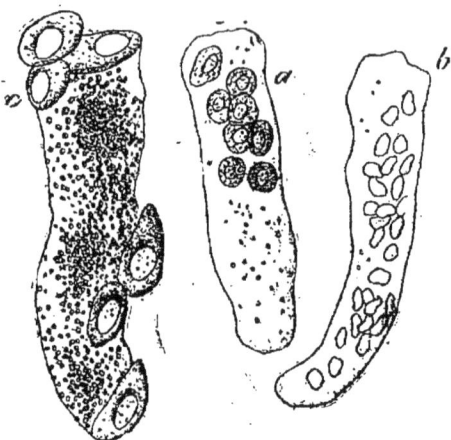

Fig. 69. — Cylindres hyalins contenant : a, des leucocytes ; b, des globules rouges décolorés ; c, des amas de graisse avec des cellules rénales adhérentes à la surface. 400 diam. (D'après Bizzozero.)

Fig. 70. — Cylindres albumino-graisseux dans l'empoisonnement par le phosphore. (D'après Cornil et Ranvier.)

des granulations graisseuses, qui sont toujours accompagnées par les premières ; dans ce dernier cas, les cylindres sont désignés sous le nom de cylindres *granulo-graisseux* ou *albumino-graisseux* (fig. 70) et, dans le premier, on les appelle *cylindres granuleux*. L'aspect granuleux des cylindres chargés de bactéries pourrait les faire confondre avec ces derniers, mais les granulations albuminoïdes sont solubles dans l'acide acétique, tandis que les bactéries ne s'y dissolvent pas.

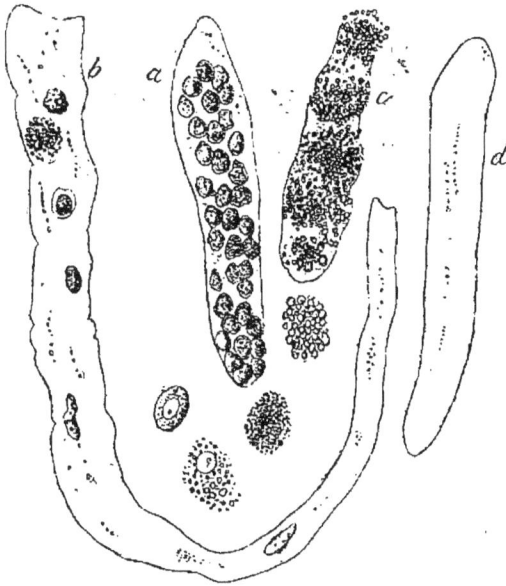

Fig. 71. — Cylindres hyalins et cireux (néphrite parenchymateuse chronique) : *a*, cylindre hyalin avec de nombreux leucocytes ; *b*, cylindre très long avec quelques leucocytes, une cellule rénale en voie de dégénérescence graisseuse et des granules graisseux ; *c*, cylindre avec beaucoup de cellules épithéliales en voie de dégénérescence graisseuse ; *d*, cylindre cireux. 400 diam. (D'après Bizzozero.)

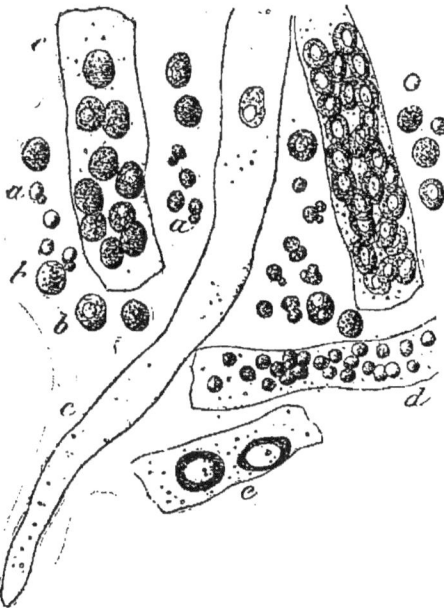

Fig. 72. — Sédiment urinaire, dans un cas de néphrite parenchymateuse aiguë : *a*, globules rouges ; *b*, leucocytes ; *c*, cylindres hyalins avec leucocytes ; *d*, cylindres hyalins avec globules rouges ; *e*, cylindres hyalins avec cellules épithéliales du rein. 400 diam. (D'après Bizzozero.)

Fig. 73. — Cylindre cireux. 400
diam . (D'après Bizzozero.)

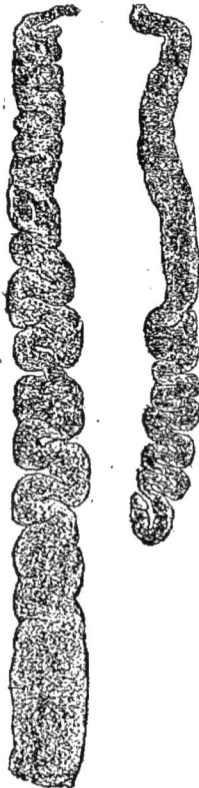

Fig. 74. — Cylindres cireux
contournés en tire-bouchon.
(D'après Cornil et Brault.)

b. Cylindre cireux. — Ces cylindres (fig. 71, *d*, et 73) sont formés
d'une substance plus réfringente que
celle des cylindres hyalins et présentent pour cette raison des contours beaucoup mieux accusés; ils
offrent un aspect terne analogue à
celui de la cire et une teinte jaunâtre; ils sont ordinairement courts
et ont un diamètre plus considérable
que les précédents; ils sont aussi
moins flexibles et leurs bords sont
réguliers, lisses, quelquefois munis
d'entailles. Parfois, ils sont enroulés
sur eux-mêmes en forme de tire-
bouchon (fig. 74). Ils résistent assez
bien à l'acide acétique et sont insolubles à chaud dans l'urine et dans
l'eau distillée; l'acide osmique les
colore en brun foncé. A côté de ces
cylindres, on trouve parfois des masses globuleuses, réfringentes, plus
ou moins régulières, qui sont probablement des cellules épithéliales
dégénérées.

Les cylindres cireux offrent quelquefois un aspect uniformément et
finement granuleux; ils peuvent
aussi renfermer des cellules épithéliales, des globules sanguins et des
leucocytes. Parfois aussi, bien qu'assez rarement, ils donnent la *réaction amyloïde* : ils sont colorés en

rouge par le violet de méthyle, en brun par la solution iodurée d'iode, puis en vert par l'acide sulfurique.

c. *Cylindroïdes*. — Ces éléments (*cylindres muqueux de Cornil et Ranvier*) se présentent soit sous forme de simples filaments, soit sous forme de rubans, à contours irréguliers et diamètre inégal ; leur surface est striée et leurs extrémités amincies et dentelées ; ils sont très souvent onduleux ou irrégulièrement contournés (fig. 75 et 76). Leur substance est transparente et incolore ; aussi sont-ils très difficiles à distinguer, sans le secours des réactifs colorants. Les cylindroïdes ne sont que très rarement chargés d'autres éléments (granulations albumineuses ou graisseuses, globules sanguins, leucocytes, épithéliums), et on les observe non seulement dans quelques affections des reins (néphrite scarlatineuse), mais encore dans la diphtérie, les cystites et même dans les urines normales ; aussi la constata-

Fig. 75. — Amas de cylindroïdes vu à un faible grossissement. (D'après Bizzozero.)

Fig. 76. — Cylindroïdes. 400 diam. (D'après Bizzozero.)

tion de leur présence n'offre-t-elle que peu d'importance.

196. *Valeur diagnostique des cylindres urinaires*. — La

présence de cylindres urinaires dans un sédiment est toujours l'indice d'un état inflammatoire plus ou moins intense des reins, qu'il s'agisse d'une maladie primitivement développée dans ces organes ou au contraire d'une affection secondaire, comme cela s'observe quelquefois pendant la période de desquamation de la scarlatine; dans la variole, le choléra, le typhus et d'autres maladies infectieuses, on trouve également dans l'urine une quantité plus ou moins grande des différentes variétés de cylindres, et quelquefois aussi, mais passagèrement, pendant le cours de la pneumonie et de l'ictère catarrhal.

L'élimination de cylindres urinaires ne fait jamais défaut dans la néphrite aiguë, la maladie de Bright chronique et la dégénérescence amyloïde des reins, pour lesquelles elle constitue un signe pathognomonique; mais comme dans ces trois affections on peut rencontrer toutes les formes des cylindres, la constatation de la présence de l'une ou de l'autre de ces formes ne permet pas d'établir un diagnostic différentiel.

Lorsque dans un sédiment on ne trouve que des *cylindres épithéliaux*, il s'agit très probablement d'une néphrite desquamative sans gravité; mais, si en même temps on rencontre des corpuscules purulents en quantité un peu grande et des globules rouges, le pronostic n'est pas aussi favorable, parce qu'alors on doit avoir affaire à un processus inflammatoire plus intense, ayant son siège dans le parenchyme rénal, dans les calices ou dans les bassinets.

Les *cylindres hyalins* et *granuleux* indiquent toujours un état inflammatoire très intense, qui est presque constamment chronique, et la dégénérescence est d'autant plus profonde que ces éléments sont plus nombreux et que leur présence peut être constatée pendant un temps plus long. Le pronostic est encore moins favorable, si les cylindres sont chargés d'un abondant dépôt de granulations et de gouttelettes graisseuses (*cylindres granulograisseux*); on peut diagnostiquer avec certitude une dégénérescence graisseuse des reins ; en outre, on trouve aussi presque toujours, enfermées dans les cylindres, des cellules épithéliales du rein infiltrées de graisse et atteintes de dégénérescence graisseuse, ainsi qu'un grand nombre de cellules libres offrant la même dégénérescence ; on a alors presque certainement affaire à une maladie de Bright arrivée à sa deuxième période. On peut aussi trouver dans cette maladie, indépendamment de ces éléments, des *cylindres cireux*, qui sont surtout abondants dans la dernière période, quand le rein est envahi par la sclérose; du reste, ces cylindres, qui se rencontrent plus spécialement dans les formes chroniques, peuvent également être observés dans les formes aiguës, mais alors ils indiquent une gravité particulière du processus pathologique. (*Bizzozero.*)

Dans la dégénérescence amyloïde des reins on rencontre dans les sédiments les mêmes cylindres urinaires que dans la maladie de Bright aiguë ou chronique; mais, indépendamment des cellules atteintes de dégénérescence graisseuse, on peut aussi observer des cellules, ainsi que des cylindres, donnant la réaction amyloïde (voy. § 195, *b*); dans cette affection on ne constate que rarement la présence de globules rouges et encore plus rarement celle de corpuscules purulents.

197. **Débris de tissus.** — Lorsque quelque partie des organes urinaires est atteinte de cancer, de tuberculose, etc on peut quelquefois rencontrer dans les sédiments ˖age débris de tissus renfermant les éléments caracté˖
du sang
˖ractéris-

13

C'est ainsi que dans le *cancer villeux de la vessie*, l'urine, colorée en brun rouge ou en noir brunâtre, laisse déposer un sédiment floconneux, dans lequel on trouve des grumeaux rouge brunâtre constitués par des caillots sanguins et des détritus moins colorés, qui, examinés au microscope, se présentent sous l'aspect de végétations polypeuses formées d'un stroma conjonctif, terminé par une extrémité arrondie et recouvert d'une couche d'épithélium pavimenteux à cellules irrégulières. Mais ces villosités ne sont pas toujours aussi faciles à reconnaître, car le plus ordinairement elles ont perdu une partie de leur revêtement épithélial, leur stroma est gonflé, couvert de granulations de pigment sanguin ou de cristaux d'hématoïdine, de débris granuleux, ou incrusté de phosphates terreux ou d'urate d'ammonium (*Bizzozero*). Dans les cas de cancer du rein, les sédiments renferment beaucoup plus rarement des fragments du néoplasme.

Dans la *tuberculose rénale*, l'urine donne un sédiment contenant des leucocytes altérés, se présentant sous forme de corpuscules irréguliers, dans lesquels il est impossible, même après l'action de l'acide acétique, de reconnaître nettement un noyau; on trouve en outre de petites masses caséeuses, amorphes, granuleuses, résistant à l'acide acétique et au milieu desquelles le microscope montre des fibres élastiques ou conjonctives, et quelquefois aussi des cristaux de cholestérine. Lorsqu'on a réellement affaire à une affection tuberculeuse, on doit trouver dans l'urine, en même temps que ces produits, des *bacilles tuberculeux de Koch*, dont la présence est maintenant considérée comme l'élément essentiel du diagnostic. (Voy. § 204.)

Dans la *cystite ulcéreuse*, ainsi que dans celle qui se plus par gangrène, comme on l'observe quelquefois à que leur maladies graves (typhus, fièvre puerpuérale, diphtérie, etc.), on rencontre assez fréquemment dans l'urine, qui alors renferme du sang et offre une odeur fétide, des lambeaux nécrosés plus ou moins grands de membrane muqueuse et de tissu conjonctif.

Enfin, on trouve parfois dans les sédiments des poils, des fragments d'os, des masses épidermiques, etc., provenant de kystes dermoïdes ovariques, qui se sont ouverts dans les voies urinaires.

Sang.

198. — L'excrétion du sang par les urines ou l'*héma-turie* indique toujours qu'une hémorrhagie s'est produite dans quelque partie de l'appareil urinaire : dans les reins, les uretères, la vessie ou l'urèthre. L'hématurie d'origine rénale peut dépendre d'une maladie générale (variole et scarlatine hémorrhagiques, scorbut, ictère grave, fièvre pernicieuse hématurique), d'une intoxication (cantharides, phosphore), ou d'une affection des reins (blessures et contusions, néphrite parenchymateuse et interstitielle, calculs, pyélite calculeuse, cancer et tubercules); l'hématurie endémique des pays chauds, qui est due à certains parasites (*Distoma hœmatobium, Filaria sanguinis;* voy. § 200), et alterne souvent avec la chylurie ou l'accompagne (*hémato-chylurie;* voy. § 163), a également la même origine. L'hématurie vésicale peut être produite par une cystite aiguë, un cancer, un calcul, etc.; des graviers, en traversant les uretères ou le canal de l'urèthre, peuvent donner lieu à une hémorrhagie. Il ne faut pas oublier que, chez la femme, du sang se mélange toujours à l'urine à l'époque des règles.

Dans l'hématurie, l'urine est mélangée avec du sang en nature et contient par suite les éléments caractéristiques de cette humeur, les *globules rouges* ou *hématies*, tandis que dans l'*hémoglobinurie*, dont il a été question précédemment (§ 126), elle ne renferme que la matière colorante du sang, l'hémoglobine, et pas de globules.

199. Recherche. — L'urine présente une coloration rouge de sang plus ou moins foncée ou bien une teinte verdâtre ou brunâtre, si elle renferme une quantité de sang tant soit peu grande; mais sa couleur peut n'être qu'à peine modifiée lorsque le sang n'est qu'en proportion très faible. Elle est généralement plus ou moins trouble, et si on l'abandonne à elle-même pendant quelque temps, elle laisse déposer un sédiment rougeâtre, rouge grisâtre ou brun noir.

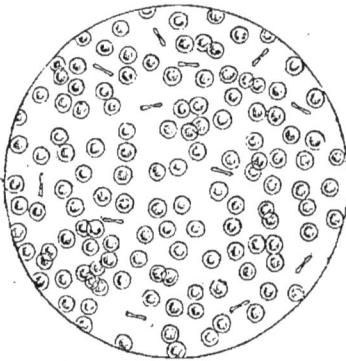

Dans le sédiment, examiné au microscope, on découvre des *hématies* ou *globules rouges*, qui se présentent sous forme de petits corpuscules discoïdes, jau-

Fig. 77. — Globules rouges du sang (hématies).

nâtres, un peu biconcaves et à bords arrondis (fig. 77). Mais ces éléments ne s'offrent pas toujours sous cet aspect; ainsi, lorsqu'ils ont séjourné pendant longtemps dans l'urine, surtout si celle-ci est devenue alcaline, ils sont gonflés, comme globuleux, ou bien leurs bords sont dentelés (fig. 78);

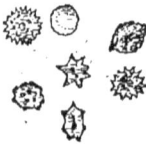

Fig. 78. — Globules rouges altérés dans l'urine.

quelquefois aussi ils ressemblent à des anneaux à simple ou à double contour (fig. 79), et très souvent ils sont tout à fait décolorés par suite de la dissolution de l'hémoglobine; dans ce dernier cas,

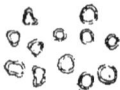

Fig. 79. — Globules rouges décolorés, à double contour, dans l'urine.

on pourra encore, mais pas toujours, les reconnaître à

leur contour régulier ou onduleux mais lisse, et à la transparence de leur substance, qui n'offre ni noyaux, ni granulations. Parfois, on rencontre des globules qui, agglutinés par de la fibrine ou d'autres produits d'exsudation de façon à donner naissance à des cylindres, reproduisent la forme des tubes urinifères ; on a alors sous les yeux les *cylindres hématiques*, mentionnés précédemment (§ 195) et dont la présence indique que l'hémorrhagie s'est produite dans les reins.

A côté des globules rouges, on peut trouver dans le sédiment des cellules épithéliales, des cylindres urinaires, des leucocytes, des débris de calculs, etc. La constatation de la présence de l'un ou l'autre de ces éléments fournit souvent de précieuses indications pour la détermination du siège et de la nature du processus morbide qui a donné lieu à l'hémorrhagie.

Les hématies perdent quelquefois complètement leurs caractères morphologiques par suite de la décomposition de l'urine, et il est alors impossible de les reconnaître ; dans ce cas, la matière colorante du sang qui se trouvait dans les globules s'est dissoute dans l'urine, et celle-ci, soumise à l'examen spectroscopique, donne les deux bandes d'absorption, α et β, caractéristiques de l'oxyhémoglobine, ainsi que les autres réactions des urines renfermant ce pigment. (Voy. § 128.)

La présence du sang dans un sédiment peut aussi être reconnue à l'aide de la réaction suivante, qui est très sensible : On dessèche le dépôt à une douce chaleur sur le porte-objet, puis on y ajoute un petit cristal de chlorure de sodium ; on ajoute ensuite deux ou trois gouttes d'acide acétique cristallisable, et après avoir placé le couvre-objet on chauffe avec précaution de façon à faire bouillir l'acide acétique. Si, après refroidissement, on examine la prépa-

ration au microscope, on y trouve de petites tables rhomboïdales colorées en brun rougeâtre, qui ne sont autre
chose que des cristaux d'*hé-
mine* (fig. 80).

Almèn a indiqué, pour la
recherche du sang dans
l'urine, le procédé suivant,
qui est également d'une
très grande sensibilité : On
mélange quelques centimè-
tres cubes de teinture de
gaïac avec un égal volume

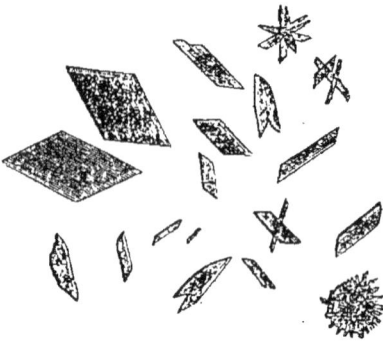

Fig. 80. — Cristaux d'hémine.

d'essence de térébenthine, on agite jusqu'à ce qu'il se soit
formé une émulsion et on verse celle-ci avec précaution
sur l'urine à essayer ; une partie de la résine de gaïac se
sépare rapidement sous forme d'un précipité blanchâtre,
devenant peu à peu jaune sale ou verdâtre ; mais si l'urine
renferme du sang, même des traces extrêmement faibles,
il se forme au-dessus de la résine une zone colorée en bleu
indigo, et si l'on agite on obtient une émulsion bleu clair.

Une urine sanguinolente contient toujours de l'albumine,
du sérum, mais jamais en quantité bien considérable, à
moins que la présence de sang ne coïncide avec une albuminurie, comme cela a lieu, par exemple, dans la maladie de Bright aiguë.

Lorsque la quantité du sang est tant soit peu grande, la
fibrine se coagule soit à l'intérieur des voies urinaires,
soit après la miction. On trouve alors dans l'urine des
caillots plus ou moins volumineux, dans lesquels sont
englobés des globules rouges. Lorsque le sang s'est coagulé dans les uretères, l'urine renferme des caillots allongés, vermiformes, presque entièrement formés de fibrine et
décolorés. (Voy. § 119.)

Parasites.

200. Parasites animaux. — Les parasites animaux les plus fréquents en Europe sont les *échinocoques*, dont on peut trouver, en suspension au sein de l'urine ou dans les sédiments, des vésicules entières ou leurs débris, dont il est souvent facile de reconnaître les éléments caractéristiques, c'est-à-dire des crochets et des lambeaux de membranes stratifiées. Les échinocoques proviennent ordinairement des reins; mais des vésicules ayant leur siège en dehors de ces organes peuvent aussi passer dans les voies urinaires et être éliminées avec l'urine. A côté des vésicules, des crochets ou des lambeaux membraneux, on rencontre aussi dans ces sédiments des globules rouges, des leucocytes, etc.

Dans les pays chauds, notamment en Égypte et au Cap, l'urine renferme souvent des œufs et des embryons ciliés du *Distoma hœmatobium*. Ce ver habite la veine porte et ses branches, ainsi que le plexus veineux de la vessie. Les œufs, déposés en très grand nombre par la femelle à l'intérieur des vaisseaux de la muqueuse vésicale, finissent par amener la perforation de cette membrane, en donnant lieu à des hémorrhagies, et ils tombent finalement dans la vessie. L'urine émise dans ces conditions est sanguinolente et elle dépose un sédiment floconneux rougeâtre, contenant des hématies, des leucocytes, des œufs

Fig. 81. — OEuf de Distoma hœmatobium. 215 diam. (D'après Beale.)

(fig. 81) et des embryons de distome. Aux Indes orientales et occidentales, on trouve dans l'urine, et aussi dans le sang,

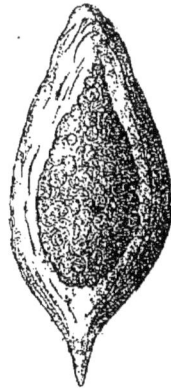

des personnes atteintes de chylurie des embryons de la *Filaria sanguinis hominis*, qui ont été également observés au Brésil dans des cas d'hématurie endémique, et c'est à leur existence dans le sang que serait due cette dernière affection, ainsi que la chylurie, tandis que ces mêmes maladies seraient occasionnées en Égypte et au Cap par la présence du *Distoma hœmatobium;* la chylurie est d'ailleurs presque toujours accompagnée d'hématurie (hémato-chylurie). (Voy. §§ 163 et 198.)

On peut encore rencontrer accidentellement dans l'urine : le *Trichomonas vaginalis*, infusoire vivant dans le mucus vaginal ; le *Bodo* ou *Cercomonas urinarius*, signalé par *Hassal* dans les urines alcalines ; l'*oxyure vermiculaire*, qui habite la partie inférieure de l'intestin ; l'*Eustrongylus gigas*, venant des reins ; l'*ascaride lombricoïde* et ses œufs, qui de l'intestin ont pu passer dans les voies urinaires, par suite de quelque communication anormale entre ces organes.

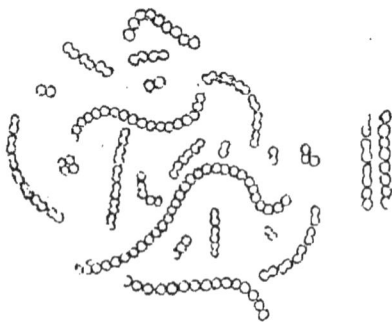

Fig. 82. — Micrococcus ureæ (globules arrondis réunis en chapelet) et ferment lactique (globules comprimés en leur milieu).

201. Parasites végétaux. — Dans l'urine normale ayant subi la fermentation ammoniacale, on trouve, comme nous l'avons déjà dit précédemment, de nombreux organismes végétaux microscopiques (microbes), dont quelques-uns, notamment les *Micrococcus* (fig. 82) et *Bacillus ureæ*, seraient, suivant *Pasteur, van Tieghem* et *Miquel*, la cause de la décomposition de l'urée. (Voy. § 17.)

On rencontre toujours dans l'urine des diabétiques (et quelquefois aussi dans l'urine normale) des cellules d'une variété du champignon de la fermentation alcoolique

(*Saccharomyces urinæ*); ces cellules, ovoïdes et brillantes, sont isolées ou disposées en chapelets; elles offrent à peu près le volume des globules sanguins et, par le repos, elles forment au fond du vase un sédiment blanchâtre.

Dans les maladies infectieuses graves (diphtérie, fièvre typhoïde, scarlatine, rougeole, variole, etc.), l'urine renferme très souvent, d'après les recherches récentes (*Kannenberg, Bouchard, Faber, Gaucher*), au moment même de son émission, une grande quantité de bactéries (fig. 83), et aussi presque toujours de l'albumine. Cette élimination de bactéries par les urines (*bactérurie, microburie*) est la conséquence de l'existence de ces microbes dans le sang (*bactériémie*); de cette humeur, ces petits organismes passent dans les reins et dans

Fig. 83. — Bactéries dans une urine acide, deux jours après son émission.

les urines; celles-ci sont alors plus ou moins troubles et ne s'éclaircissent que difficilement par le repos ou même par filtration, les bactéries traversant les pores du filtre.

Mais la présence de microbes dans les urines n'a pas toujours pour cause une affection générale; elle peut aussi être due à une maladie de l'appareil urinaire. Ainsi le *Gonococcus de Neisser* (fig. 84) est considéré comme l'élément caractéristique de la blennorhagie virulente; ce microphyte, qui se trouve à la surface et quelquefois aussi à l'intérieur des leucocytes contenus dans le sédiment puru-

Fig. 84. — Gonococcus de Neisser, dans les leucocytes de l'écoulement blennorhagique. (D'après Cornil et Ranvier.)

lent déposé par l'urine dans cette affection, se présente sous forme de petits grains ronds ou ovales, rarement isolés, mais le plus souvent groupés de diverses manières, et qui apparaissent très nettement après coloration avec le bleu de méthylène ou la fuchsine.

La présence du *bacille tuberculeux de Koch* dans l'urine a été signalée par différents observateurs, et elle constitue un important élément pour le diagnostic de la tuberculose des voies urinaires. Ce parasite (fig. 85) offre la forme de bâtonnets, quelquefois rectilignes, mais le plus souvent brisés ou arqués, d'une longueur variant de 0,0015 à 0,0035 mm. et d'une épaisseur de 0,0003 à 0,0005 mm. On trouve les bacilles dans le sédiment, ordinairement abondant, que forme l'urine abandonnée au repos; ils sont isolés ou en amas irréguliers, ou bien ils sont enfermés dans des leucocytes ou des cellules épithéliales. Ils ne fixent les couleurs d'aniline qu'après un long contact, mais les retiennent avec une énergie telle qu'ils ne les cèdent pas facilement aux acides, même concentrés. Les spores que renferment quelquefois les bacilles ne fixent pas les couleurs d'aniline, et elles apparaissent dans le corps des parasites colorés sous la forme de points clairs, ovoïdes, limités par un trait mince, coloré.

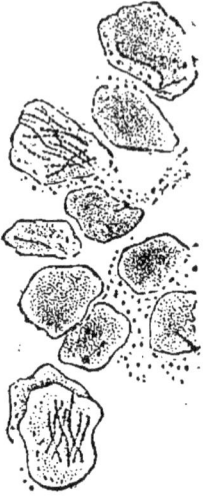

Fig. 85. — Bacilles tuberculeux dans l'urine (tuberculose vésicale et rénale); la plupart se trouvent dans les cellules épithéliales. (D'ap. Cornil et Ranvier.)

Pour découvrir le bacille tuberculeux dans un sédiment, on prélève à l'aide d'une pipette une goutte de ce dernier et on la dépose sur une lamelle de verre mince; on chauffe ensuite celle-ci doucement, afin de dessécher le dépôt, puis on la plonge dans une solution de fuchsine ou de bleu de méthylène, préparée en mélangeant une partie de la solution alcoolique (à 20 ou 25 p. 100) du pig-

ment avec 200 parties d'eau distillée, préalablement alca-
linisée avec 0,2 part. de lessive de potasse caustique à
10 p. 100 (*Koch*) ou 10 parties d'aniline (*Ehrlich*)[1]. Au bout
de vingt-quatre heures, on retire la lamelle de verre du
liquide colorant et, après un lavage à l'eau, on l'introduit
dans un mélange de 1 partie d'acide azotique avec 2 parties d'eau distillée. Tous les éléments autres que les bacilles sont décolorés par l'acide azotique et ceux-ci deviennent alors très faciles à distinguer. Si l'on veut
conserver la préparation, on la passe de nouveau à l'eau
distillée, on la dessèche, puis on l'éclaircit en versant
par-dessus une ou deux gouttes d'essence de bergamote
ou de térébenthine, on enlève l'excès d'essence et on
ajoute du baume de Canada.

Dans la pyélonéphrite parasitaire
les sédiments renferment souvent des
cylindres presque entièrement formés de bactéries. (Voy. § 195.)

On rencontre aussi quelquefois
dans l'urine une espèce de *sarcine*
(*Sarcina urinæ*), qui est un peu plus

Fig. 86. — Sarcina urinæ.

petite que celle de l'estomac et se compose, comme cette
dernière, de cellules cubiques juxtaposées (fig. 86).

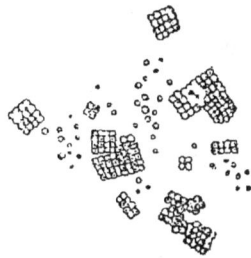

---

[1] La formule suivante, donnée récemment par Koch, permet d'obtenir un liquide colorant, susceptible d'être conservé pendant assez
longtemps sans altération :

Eau d'aniline (5 d'aniline pour 100 d'eau ; agiter à plusieurs re- prises et laisser en contact pendant une demi-heure, puis filtrer sur un filtre mouillé)...	100
Solution alcoolique de violet de méthyle ou de fuchsine........	11
Alcool absolu...	10

On mélange bien les trois liqueurs et on conserve dans un flacon
hermétiquement bouché.

II. — CALCULS URINAIRES, SABLES ET GRAVIERS

202. Composition chimique, aspect, structure. — Les calculs urinaires se rencontrent le plus souvent dans les reins et surtout dans la vessie; quelquefois aussi, mais bien plus rarement, dans les uretères et dans l'urèthre. Ils peuvent renfermer de l'acide urique et des urates, de l'oxalate de calcium, de la xanthine, de la cystine, du phosphate ammoniaco-magnésien, du phosphate et du carbonate de calcium, des matières protéiques et, très rarement, de la cholestérine et des pigments biliaires.

Les calculs offrent ordinairement une forme ovoïde; leur volume est extrêmement variable et leur surface est lisse ou recouverte d'aspérités. Ils sont ordinairement formés de couches concentriques, dont la composition est la même ou au contraire différente, de sorte que dans ce dernier cas il est nécessaire, pour connaître la constitution chimique de la concrétion tout entière, d'examiner séparément ses différentes couches. Mais il peut aussi arriver que, dans un calcul composé de plusieurs éléments, ceux-ci, au lieu d'être en couches séparées, sont mélangés ensemble. La plupart des calculs ont un noyau, autour duquel se sont déposés les différents éléments qui les composent; ce noyau peut être un caillot sanguin ou muqueux, un gravier ou un corps étranger introduit accidentellement dans la vessie. Il arrive parfois que le calcul présente une cavité à la place du noyau; dans ce cas, celui-ci était formé d'une matière organique (mucus), qui a fini peu à peu par se détruire. Quelquefois le noyau consiste en plusieurs graviers ou petits calculs unis ensemble par un ciment, dont la composition est la même que celle du calcul lui-même ou au contraire en diffère.

Les calculs d'*acide urique* pur ou presque pur sont assez fréquents; ils sont généralement durs; leur couleur varie du brun rougeâtre au jaune brunâtre, quelquefois aussi ils sont blancs, d'autres fois ils sont formés de couches offrant des colorations différentes. Leur surface est lisse, ou au contraire mamelonnée (fig. 87); leur cassure est cristalline ou terreuse.

Fig. 87. — Calcul d'acide urique.

Les calculs exclusivement composés d'*urate d'ammonium* sont rares; mais cette combinaison se rencontre fréquemment dans les concrétions avec d'autres urates et de l'acide urique libre. Les urates à bases fixes n'ont jusqu'à présent été trouvés que dans les calculs d'acide urique.

Les calculs d'*oxalate de calcium* pur sont assez rares, ce sel étant le plus souvent accompagné d'acide urique et d'urates, de phosphate de calcium et de phosphate triple en couches alternantes. Ces calculs sont en général assez gros,

Fig. 88. — Calcul d'oxalate de calcium.

de couleur foncée, brunâtres et mamelonnés à leur surface, d'autres fois ils sont au contraire petits, pâles et lisses; ils offrent une très grande dureté (fig. 88).

Les calculs de *phosphate de calcium* sont blancs ou grisâtres, infusibles, parfois formés de couches concentriques (fig. 89). Les calculs de *phosphate ammoniaco-magnésien* sont blancs, cristallins, poreux, fusibles. Ces deux composés se trouvent souvent réunis ensemble dans un même calcul.

Les calculs exclusivement composés de *carbonate de calcium* sont assez rares; ils sont blanchâtres et crayeux.

Cette combinaison se rencontre plus souvent avec du *carbonate de magnésium,* à côté d'autres éléments.

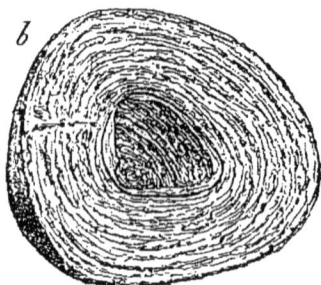

Les calculs de *cystine* sont très rares; ils sont ordinairement petits et ovales, assez mous; leur surface est jaune brunâtre, lisse ou un peu ondulée; leur cassure est mate et prend par le frottement l'éclat de cire; ils donnent une poudre douce au toucher.

Fig. 89. — Calcul de phosphate de calcium déposé autour d'un noyau, précédemment brisé, d'acide urique.

Les calculs de *xanthine* sont également très rares; ils ont une couleur jaunâtre, une surface lisse et une cassure d'apparence cristalline.

Le *silice* n'a été que rarement observée dans les calculs et on ne l'y a jamais trouvée qu'en très petite quantité.

203. Analyse. — On commence par scier le calcul ou le briser, puis on en pulvérise un petit fragment (ou plusieurs, pris dans les différentes couches non homogènes dont le calcul peut se composer) et on chauffe la poudre au rouge sur une lame de platine.

A. Si la poudre *brûle complètement,* ou bien en ne laissant qu'un très faible résidu, le calcul peut être constitué par les substances suivantes : acide urique, urate d'ammonium, xanthine, cystine, matières protéiques (fibrine ou sang coagulé), cholestérine, pigments biliaires.

Pour reconnaître quel est, de ces différents corps, celui auquel on a affaire, on suit la marche indiquée dans le tableau suivant :

La solution de la poudre dans l'acide azotique donne, après évaporation avec de l'ammoniaque, la réaction de la murexide (voy. § 39).

> *a.* La poudre traitée à froid par la potasse caustique dégage de l'ammoniaque. — **Urate d'ammonium.**
>
> *b.* Elle ne dégage pas d'ammoniaque au contact du même réactif. — **Acide urique.**

La solution azotique ne donne pas, après évaporation avec l'ammoniaque, la réaction de la murexide.

> *a.* La solution azotique évaporée laisse un résidu *jaunâtre*, qui est coloré par la potasse en jaune, rouge à froid et en rouge violet à chaud (voy. § 34). — **Xanthine.**
>
> *b.* La solution azotique évaporée donne un résidu *brun foncé;* la poudre se dissout dans l'ammoniaque et dans la potasse; la solution ammoniacale acidifiée par l'acide acétique laisse déposer des tables hexagonales microscopiques; la solution dans la potasse, additionnée de nitroprussiate de sodium, prend une belle coloration violette (voy. §§ 161 et 162). — **Cystine.**

La poudre brûle avec une flamme éclairante.

> *a.* Elle est insoluble dans la potasse; traitée par l'éther, elle donne une solution qui par évaporation laisse déposer de belles lamelles nacrées rhomboïdales (voy. § 153). — **Cholestérine.**
>
> *b.* Pendant le chauffage au rouge, elle dégage une odeur de corne brûlée et se boursoufle; elle est soluble dans la potasse et en est précipitée par l'acide acétique. — **Fibrine ou caillot sanguin.**

La poudre traitée par le chloroforme donne une solution jaune orangé, qui avec l'acide azotique donne la réaction de Gmelin (voy. § 146). — **Pigments biliaires.**

Si la poudre chauffée au rouge laisse un léger résidu, on examine ce dernier d'après B.

B. Si la poudre laisse après le chauffage au rouge un *résidu considérable*, elle peut contenir des urates à bases fixes (soude, potasse, magnésie, chaux), de l'oxalate de calcium, du phosphate de calcium, du carbonate de calcium, du phosphate ammoniaco-magnésien, que l'on caractérise comme il suit :

1. Le résidu fond facilement au chalumeau :

La poudre primitive dégage de l'ammoniaque au contact de la potasse ; calcinée seule, elle dégage également une odeur ammoniacale ; elle se dissout dans l'acide acétique, et l'ammoniaque la précipite de cette solution à l'état cristallin. } *Phosphate ammoniaco-magnésien.*

2. Le résidu ne fond pas au chalumeau :

Résidu non alcalin.

a. Résidu blanc. La poudre ne fait effervescence ni avant ni après la calcination ; elle est soluble dans l'acide chlorhydrique, et l'ammoniaque la précipite de cette solution ; elle se dissout aussi dans l'acide acétique ; la solution acétique donne avec l'oxalate d'ammonium un précipité d'oxalate de calcium. } *Phosphate de calcium basique.*

Résidu alcalin.

b. La poudre primitive n'est pas attaquée par l'acide acétique ; elle est dissoute par les acides minéraux sans effervescence et précipitée par l'ammoniaque ; le résidu alcalin fait effervescence avec les acides. } *Oxalate de calcium.*

c. La poudre chauffée au rouge développe une lumière blanche intense ; avant la calcination, elle fait effervescence avec les acides ; elle est précipitée par l'ammoniaque de sa solution chlorhydrique neutralisée. } *Carbonate de calcium.*

3. La poudre primitive donne avec l'acide azotique et l'ammoniaque la réaction de l'acide urique, mais chauffée au rouge elle laisse un résidu :

Résidu fusible au chalumeau.	*a.* Il communique à la flamme une coloration jaune intense.	*Urate de sodium.*
	b. Il ne donne pas de flamme jaune, mais une flamme violette, et le chlorure de platine précipite sa solution chlorhydrique.	*Urate de potassium.*
Résidu infusible au chalumeau.	*c.* Après calcination, il se comporte comme le carbonate de calcium.	*Urate de calcium.*
	d. Il se dissout avec une faible effervescence dans l'acide sulfurique étendu et il est précipité de cette solution par le phosphate de sodium et l'ammoniaque.	*Urate de magnésium.*

Lorsqu'on a affaire à un *calcul mixte*, dont les éléments, au lieu d'être séparés en couches distinctes, sont mélangés ensemble, on procède de la manière suivante (d'après *W. Odling*) :

On fait bouillir la poudre du calcul avec un peu d'eau distillée; on filtre, on recueille à part le liquide filtré (A) et on lave bien le résidu à l'eau bouillante.

On fait ensuite bouillir le résidu lavé dans de l'acide chlorhydrique étendu, en observant s'il se produit une effervescence qui puisse indiquer la présence du *carbonate de calcium;* puis on filtre le liquide acide. On recueille à part la liqueur filtrée (B) et on lave à l'eau le résidu (C), s'il y en a un.

Solution aqueuse A. Elle peut contenir de l'urate d'ammonium, de l'urate de sodium et de l'urate de calcium. On évapore quelques gouttes de la liqueur sur un verre de montre et, si l'on n'obtient qu'une légère trace de résidu, on peut abandonner le reste de la solution et considérer le calcul comme ne contenant pas une quantité appréciable d'urates alcalins. Si au contraire l'évaporation laisse un résidu visible, on fait bouillir à peu près un quart de la solution avec un peu de chaux caustique. Si la liqueur renferme de l'*ammoniaque*, ce gaz se dégage et on le reconnaît à son odeur, etc. On réduit ensuite par évaporation le reste de la solution à un très petit volume, puis on ajoute de l'acide azotique concentré et on évapore à siccité complète ; un résidu rosé devenant rouge par l'action de l'ammoniaque indique la présence de l'*acide urique*. On incinère ce résidu, puis on dissout la cendre dans un peu d'eau, et on divise la solution en deux parties. On acidule la première avec de l'acide acétique et y ajoute une goutte d'oxalate d'ammonium, qui produit un précipité blanc, dans le cas de la présence du *calcium*. On acidule la seconde par l'acide chlorhydrique et on l'évapore à siccité ; la formation de petits cristaux cubiques fait reconnaître la présence du *sodium*.

Solution acide B. Elle peut renfermer du chlorure de calcium provenant de la décomposition du carbonate ou de l'oxalate de calcium, de la cystine, du phosphate de calcium et du phosphate ammoniaco-magnésien. On y ajoute de l'ammoniaque étendue, de façon à la rendre aussi neutre que possible, sans cependant altérer sa transparence, puis on ajoute de l'acétate d'ammonium, qui produit un précipité blanc, si la liqueur renferme de l'*oxalate de calcium* ou de la *cystine*. (Celle-ci se trouve rarement dans les calculs mixtes et on peut la séparer facilement de l'oxalate de calcium au moyen de l'ammoniaque, qui la dissout et l'abandonne en s'évaporant sous forme de tables hexagonales ; voy. § 162.) Si l'acétate d'ammonium précipite, on filtre et on ajoute un excès d'oxalate d'ammonium au liquide filtré ; si l'acétate d'ammonium ne précipite pas, on traite directement le liquide clair par l'oxalate d'ammonium sans filtration préalable. La formation d'un précipité blanc dénote la présence du *calcium* sous une forme autre que celle d'oxalate. On filtre alors, si c'est nécessaire, puis on ajoute de l'ammoniaque en excès et si, après agitation, il se forme un précipité blanc, on peut en déduire la présence de l'*acide phosphorique* et du *magnésium*. S'il ne se produit aucun précipité, on ajoute du sulfate de magnésium; la présence de l'acide phosphorique est alors indiquée par le dépôt d'un précipité blanc cristallin, après agitation de la liqueur.

Résidu C. Il consiste en *acide urique*, que l'on reconnaît comme il est dit plus haut.

Le *sable* et les *graviers* seront analysés de la même manière que les calculs; toutefois, il sera toujours convenable de les soumettre préalablement à un examen microscopique, parce que fréquemment ils renferment des éléments cristallisés, ce qui permet de les reconnaître.

Il arrive aussi que des petits cailloux, du sable, etc., tombent dans l'urine ou y sont introduits avec intention. Ces fausses concrétions sont ordinairement des silicates, que leur aspect et leur grande dureté suffisent le plus souvent pour les faire distinguer des concrétions urinaires, dont elles ne donnent du reste aucune des réactions.

CHAPITRE V

ÉLÉMENTS ACCIDENTELS DE L'URINE

204. — Nous avons dit précédemment (§ 21) que la plupart des substances qui sont administrées comme médicaments, ou données comme poisons dans un but criminel, s'éliminent par les urines. La recherche de ces substances, qui constituent ce que nous avons appelé les *éléments accidentels* de l'urine, offre toujours de l'importance, aussi bien pour le médecin que pour le toxicologiste.

Ne pouvant nous occuper ici de tous ces éléments, nous nous bornerons à l'indication des méthodes généralement suivies pour découvrir les plus importants, tels que le mercure, le plomb, le cuivre, l'arsenic, l'antimoine, l'iode, le brome, parmi les corps minéraux; la quinine, l'acide salicylique, l'acide phénique, le tannin, l'alcool, parmi les corps organiques, et nous renverrons pour les autres aux traités de chimie analytique et de toxicologie [1].

On trouve quelquefois dans l'urine des filaments de tissus, des grains d'amidon, etc.; ces autres éléments accidentels n'ont point été éliminés avec l'urine, ils s'y sont simplement mélangés pendant ou après la miction.

[1] Voy. notamment Fresenius, *Traité d'analyse qualitative* (7e édition française), et Dragendorff, *Manuel de toxicologie* (2e édition française), traduits par L. Gautier.

205. Mercure. — On commence par détruire les matières organiques en faisant passer dans l'urine un courant de chlore ou en la chauffant au bain-marie après addition d'acide chlorhydrique jusqu'à réaction fortement acide et de 5 gr. par litre de chlorate de potassium, puis on l'évapore de façon à la réduire au septième ou au huitième de son volume primitif et on filtre.

Dans le liquide filtré on plonge une pile de *Smithson*, consistant en une lamelle d'or enroulée autour d'une baguette d'étain; le mercure ainsi mis en liberté se dépose sur la lamelle d'or sous forme d'un enduit blanc.

La séparation du mercure peut aussi être effectuée à l'aide de l'appareil de *Danger* et *Flandin*. Cet appareil (fig. 90) se compose d'un ballon A, qui sert de réservoir pour le liquide à essayer, et d'un entonnoir B, dans lequel vient plonger le col du ballon; cet entonnoir est recourbé à angle droit et effilé à son extrémité inférieure, au-dessous de laquelle on place la capsule C, destinée à recueillir le liquide qui s'écoule. Par l'orifice inférieur de l'entonnoir passe un fil très mince d'or pur, qui forme l'électrode positive d'un élément de Bunsen; un second fil identique, en rapport avec le pôle positif de la pile,

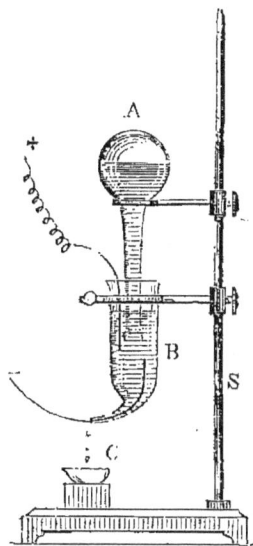

Fig. 90. — Appareil de Danger et Flandin pour la recherche du mercure.

vient également plonger dans l'entonnoir. Si dans ce dernier on renverse le ballon plein de liquide, son col se trouve bientôt immergé; mais l'écoulement se faisant par la partie effilée de l'entonnoir, le niveau baisse et le col du ballon finit par être à découvert; une bulle d'air vient alors en chasser une goutte de liquide, et ce phénomène se reproduisant à des intervalles très courts, on obtient un écoulement à peu près constant. Le mercure que pouvait contenir l'urine est ainsi mis en liberté et il vient se déposer sur le fil d'or négatif.

Pour s'assurer que le dépôt formé sur le fil d'or (ou sur la lamelle d'or de la pile de *Smithson*) est bien du mercure, on lave le fil avec de l'eau, on le dessèche et on l'introduit dans un tube de verre étiré en pointe à une extrémité et dont on ferme l'autre à la lampe. Si maintenant on chauffe le tube dans le point où se trouve le fil d'or, le mercure se volatilise et vient se condenser dans les parties froides du tube sous forme d'un sublimé grisâtre. On chauffe de nouveau, afin de chasser ce dernier vers la partie effilée du tube, et on coupe le tube un peu en arrière du point occupé par le dépôt de mercure, puis on introduit un petit fragment d'iode dans le tube; on referme ce dernier à la lampe et on volatilise l'iode en chauffant doucement; les vapeurs d'iode ainsi produites arrivent au contact du mercure et donnent naissance à du biiodure de mercure, rouge à froid et devenant jaune quand on le chauffe.

Lorsque l'urine renferme en même temps que du mercure de l'iodure de potassium, il faut préalablement éliminer ce dernier, en chauffant l'urine au bain-marie avec de l'acide sulfurique mélangé d'un peu d'acide azoteux.

Le procédé indiqué par *Mayençon* et *Bergeret* est plus simple et en même temps très sensible. On plonge dans l'urine un clou en fer suspendu à un fil de platine; on acidule avec quelques gouttes d'acide sulfurique et on laisse fonctionner une demi-heure; au bout de ce temps le mercure s'est déposé sur le platine. On retire le couple du liquide, on le lave à l'eau distillée, on le sèche légèrement à l'air et on expose le fil de platine dans une atmo-

sphère de chlore pendant quelques instants; si maintenant on frotte le fil sur une feuille de papier imprégnée
d'iodure de potassium, on obtient un trait rouge de biiodure de mercure.

206. Plomb et cuivre. — On évapore l'urine à siccité et
on carbonise le résidu à une température aussi basse que
possible, puis on brûle le charbon dans un creuset en
porcelaine en l'humectant de temps en temps avec de
l'acide azotique concentré; après refroidissement, on
épuise la cendre avec de l'eau chaude acidulée par
quelques gouttes d'acide azotique, et dans la solution filtrée on recherche le plomb et le cuivre.

Si l'urine renferme du *plomb*, la solution donne les
réactions suivantes :

L'hydrogène sulfuré y produit un précipité noir ou seulement un trouble brunâtre, l'acide sulfurique un précipité (ou un trouble) blanc, et le chromate de potassium
un précipité jaune insoluble dans l'acide azotique.

Si l'urine contenait du *cuivre*, la solution offre une
coloration bleue ou bleuâtre, si le métal n'est pas en
quantité trop faible, et elle donne avec l'hydrogène sulfuré un précipité brun noir ou se colore en brun noir; en
outre, l'ammoniaque y produit un précipité bleu verdâtre,
qui se dissout dans un excès du réactif en donnant un
liquide d'un beau bleu d'azur, et le ferrocyanure de potassium la précipite en brun ou la colore en brun rougeâtre.

Lorsque l'urine ne renferme que de très faibles traces
de cuivre ou de plomb, il est préférable de précipiter ces
métaux par électrolyse, et à cet effet on peut se servir de
l'appareil suivant :

Dans un vase à large ouverture, rempli d'acide sulfurique très étendu, on suspend, au moyen d'un bouchon
percé, un tube de verre, dont l'orifice inférieur est exac-

tement fermé par un morceau de papier-parchemin et dans lequel se trouve tout près de ce dernier une lame de platine, fixée à un fil de même métal; ce fil traverse un bouchon fermant l'orifice supérieur du tube et il est attaché à une lame de zinc, qui, maintenue par le bouchon du flacon, descend presque jusqu'au fond de ce dernier. Pour faire une expérience, on remplit le tube avec la solution de la cendre de l'urine et on le fait descendre dans le flacon, de façon que le liquide se trouve à peu près au même niveau dans les deux vases. On fait ensuite communiquer l'extrémité supérieure du fil de platine avec la lame de zinc, et le courant s'établit. La moindre trace de cuivre ou de plomb se dépose alors sur la lame de platine; au bout de douze heures, on retire celle-ci et l'on dissout le dépôt dans l'acide azotique étendu, puis on soumet la solution à l'action des réactifs indiqués précédemment.

207. Arsenic et antimoine. — On détruit les matières organiques par le chlorate de potassium et l'acide chlorhydrique (voy. § 205), on évapore jusqu'à expulsion complète de tout le chlore libre, on filtre, on lave le résidu à l'eau, on évapore le liquide filtré au tiers de son volume primitif et y recherche directement l'arsenic et l'antimoine à l'aide de l'appareil de Marsh[1].

208. Iode et brome. — L'iode et les iodures, ainsi que le brome et les bromures passent très rapidement dans l'urine à la suite de leur administration.

Pour découvrir l'*iode*, qui se retrouve toujours dans l'urine sous forme d'iodure, on procède comme il suit :

On ajoute à l'urine un peu d'empois d'amidon, on agite

---

[1] Voy. Dragendorff, *Manuel de toxicologie*, 2e édit. française, trad. par L. Gautier, p. 512 et 550.

bien, on verse ensuite un peu d'eau de chlore fraîchement préparée ou une ou deux gouttes d'acide azotique
fumant et on agite de nouveau; s'il y a de l'iode, l'amidon
prend une belle couleur bleu foncé ou bleu noir. On peut
aussi mélanger l'urine avec de l'eau de chlore, puis l'agiter
avec quelques gouttes de sulfure de carbone (de benzine
ou de chloroforme); dans le cas de la présence d'iode,
même en faible quantité, le sulfure de carbone, qui par
le repos se rassemble au-dessus de l'urine, offre une coloration rouge violet.

Lorsque l'iode n'est qu'en proportion extrêmement
faible, il est nécessaire de faire subir à l'urine une préparation préliminaire. A cet effet, on en mélange environ
1000 c. c. avec 2 gr. de potasse caustique, on évapore à
sec et l'on incinère le résidu dans un creuset de porcelaine; on épuise ensuite la cendre avec de l'eau tiède et
l'on soumet la solution filtrée aux réactions précédentes.

Pour la recherche du *brome*, il est presque toujours
nécessaire de faire subir à l'urine la préparation qui vient
d'être indiquée (évaporation avec de la potasse, calcination du résidu, etc.). La solution obtenue est essayée de la
manière suivante :

On la mélange avec de l'eau de chlore, on ajoute du
chloroforme (ou du sulfure de carbone), on agite bien et
on laisse reposer; s'il y a du brome, le chloroforme qui
s'est rassemblé au-dessous de l'urine offre une coloration
jaune rouge plus ou moins foncée, qui disparaît par agitation avec une solution de potasse ou de soude.

209. **Quinine.** — On mélange 10 c. c. d'urine avec 5 à
6 c. c. d'éther, puis on ajoute 8 à 10 gouttes d'ammoniaque, on agite et on laisse reposer; lorsque l'éther s'est
séparé du reste du liquide, on le décante à l'aide d'une
pipette et on l'évapore à une douce chaleur avec une

goutte d'acide chlorhydrique; on redissout le résidu dans l'eau, on traite encore la solution par l'ammoniaque et l'éther, et on évapore l'extrait éthéré; si maintenant on redissout le nouveau résidu dans un peu d'eau acidulée, puis si on ajoute de l'eau de chlore et de l'ammoniaque, il se produit une belle coloration vert émeraude.

L'essai par la fluorescence est beaucoup plus sensible. On mélange l'urine avec un peu d'acide azotique, puis on y ajoute une solution très concentrée d'azotate de protoxyde de mercure, tant qu'il se forme un précipité. On filtre pour séparer le précipité, et, si l'urine renferme seulement de très faibles quantités de quinine, on observe une fluorescence bleu de ciel très nette, en versant le liquide filtré dans une éprouvette et le regardant de haut en bas, après avoir placé le vase sur une feuille de papier noir.

210. Acide salicylique. — Une partie seulement de l'acide salicylique administré à l'intérieur passe inaltérée dans l'urine, tandis que le reste se transforme en salicine.

Pour découvrir l'acide inaltéré, on verse dans l'urine quelques gouttes d'une solution de perchlorure de fer, qui donne naissance à une belle coloration violette. Mais lorsqu'il n'y a que des traces d'acide salicylique, il faut, pour obtenir cette coloration, isoler préalablement l'acide. On procède alors de la manière suivante (d'après *Yvon*). Dans un tube à essais, on agite avec de l'éther l'urine additionnée de 1 p. 100 d'acide chlorhydrique; l'acide salicylique mis en liberté par ce dernier se dissout dans l'éther; on laisse reposer et, à l'aide d'une pipette, on décante l'éther, qui s'est rassemblé à la surface de l'urine, puis on le fait couler goutte à goutte sur une solution étendue de perchlorure de fer; à mesure que l'éther, en s'évaporant, abandonne l'acide salicylique, on voit se développer la coloration violette caractéristique.

211. Acide phénique. — La recherche de l'acide phénique, qui existe toujours en petite quantité dans l'urine normale, mais dont la proportion augmente notablement à la suite de l'usage de l'acide, sera effectuée d'après les indications données précédemment (voy. §§ 59-61.)

212. Tannin. — Le tannin, administré à l'intérieur, est éliminé par les urines sous forme d'*acide gallique*, que l'on peut reconnaître à l'aide du perchlorure de fer ou de la potasse ; le premier de ces réactifs donne lieu à une coloration bleu noirâtre, et le second colore l'urine en brun noir.

213. Alcool. — La majeure partie (95 p. 100 au moins) de l'alcool introduit dans l'organisme comme boisson ou comme médicament est brûlée et éliminée sous forme d'acide carbonique et eau. La faible portion qui passe dans l'uriné peut cependant être retrouvée dans les premiers produits de la distillation de ce liquide.

A cet effet, on mélange quelques gouttes du produit de la distillation avec quelques gouttes d'une solution faible de bichromate de potassium et d'acide sulfurique dilué, et l'on chauffe. Si l'urine renferme de l'alcool, la couleur jaune du mélange passe au vert, par suite de la réduction de l'acide chromique en oxyde de chrome, et en même temps il peut se dégager une odeur d'aldéhyde.

On peut aussi mélanger le produit de la distillation de l'urine, rectifié une ou deux fois, avec un peu de potasse caustique en poudre et quelques gouttes de sulfure de carbone, et, après agitation, étendre d'un égal volume d'eau et enfin ajouter une goutte de solution de sulfate de cuivre. S'il y a de l'alcool, il se forme un précipité jaune (quelquefois brun d'abord) de xanthogénate de cuivre.

14

Enfin, on peut encore soumettre le liquide distillé à la réaction de *Lieben* (formation d'iodoforme); mais avec l'urine contenant de l'acétone il se forme également de l'iodoforme, et il en serait de même avec l'urine normale elle-même (voy. § 167). Du reste les deux réactions précédentes ne sont pas non plus absolument sûres, car elles peuvent aussi se produire avec d'autres substances; toutefois lorsque la réaction par l'acide chromique, celle du xanthogène et la réaction de *Lieben* donnent un résultat positif, on peut être certain de la présence de l'alcool, surtout si avec l'acide chromique il se dégage l'odeur caractéristique de l'aldéhyde.

214. Filaments de tissus, grains d'amidon. — Ces corps, très faciles à reconnaître à leurs caractères chimiques ou microscopiques, proviennent du tissu de la chemise ou des vêtements, des poudres appliquées sur la peau, etc.

Les fibres de coton et de lin sont colorées en bleu par l'iode et l'acide sulfurique; les premières se présentent sous forme de rubans aplatis, contournés en spirale; les secondes sont cylindriques et pourvues çà et là de nodosités. Les fibres de soie sont brillantes, pleines et cylindriques; elles sont colorées en rouge par une solution de sucre et d'acide sulfurique, qui finit par les dissoudre; les fibres de laine donnent la même réaction, mais elles présentent à leur surface de nombreuses raies transversales, et, en outre, elles montrent un cordon médullaire suivant leur axe longitudinal, lorsqu'on les traite par la potasse caustique.

Les grains d'amidon ont une forme caractéristique et ils se colorent en bleu au contact d'une solution iodurée d'iode.

FIN

TABLE ALPHABÉTIQUE

FIN DE LA TABLE ALPHABÉTIQUE

LIBRAIRIE F. SAVY

77, boulevard Saint-Germain, Paris

MANUEL

DE

TOXICOLOGIE

PAR

DRAGENDORFF

PROFESSEUR A L'UNIVERSITÉ DE DORPAT

DEUXIÈME ÉDITION FRANÇAISE

REVUE ET TRÈS AUGMENTÉE

PUBLIÉE AVEC LE CONCOURS DE L'AUTEUR

Par le Dʳ L. GAUTIER

1 VOL. IN-18 DE XX-743 PAGES AVEC GRAV. DANS LE TEXTE

Prix : 7 fr. 50.

ENVOI FRANCO DANS L'UNION POSTALE CONTRE UN MANDAT DE POSTE.

Le *Manuel de Toxicologie* de M. le professeur Dragendorff a obtenu un légitime succès, qui s'explique par la manière dont l'auteur a compris et traité son sujet. Un manuel de toxicologie doit répondre à deux indications différentes : il doit être à la fois un ouvrage d'études et un *vade-mecum* de laboratoire. Comme ouvrage d'études, le livre de M. Dragendorff se recommande autant par la clarté et la méthode rigoureuse qui a présidé à l'exposition, que par le choix heureux des réactions et des caractères réellement importants.

C'est principalement au point de vue pratique que le manuel du savant professeur de Dorpat présente des qualités exceptionnelles. Les réactions sont décrites avec une minutie dont on ne reconnaîtra la précieuse utilité que dans le laboratoire. Nous ne possédons aucun ouvrage qui expose avec autant de détails la manière dont les alcaloïdes se comportent avec les réactifs de coloration ou de séparation, et l'on sait quelle importance cette étude a acquise dans ces derniers temps.

La présente édition a été traduite sur la deuxième édition allemande, à laquelle l'auteur a fait subir une revision complète.

Cette deuxième édition française du *Manuel de Toxicologie* doit donc être regardée comme une troisième édition originale, à la hauteur de la science actuelle.

Nous donnons ici un simple extrait de la table des matières.

EXTRAIT DE LA TABLE DES MATIÈRES

INTRODUCTION

I. Règles générales pour la recherche chimico-légale des poisons.

II. Essais préliminaires.

RECHERCHE DE CHAQUE POISON EN PARTICULIER

CHAPITRE PREMIER

Poisons qui peuvent être séparés par distillation de l'objet soumis à l'essai.

CHAPITRE II
Alcaloïdes et poisons organiques qui peuvent être isolés par agitation avec un dissolvant.

PROPRIÉTÉS CARACTÉRISTIQUES DES PRINCIPAUX ALCALOÏDES. — *Alcaloïdes des strychnées : strychnine et brucine, leur distinction d'avec la gelsémine, les alcaloïdes du quebracho et du péréira. — Curarine. — Alcaloïdes des quinquinas : quinine, quinidine, cinchonine et cinchonidine. — Caféine (théine) et théobromine. — Pipérine et cubébine. — Berbérine, hydrastine et oxyacanthine. — Éméline. — Mydriatiques : atropine (daturine), hyoscyamine (duboisine), etc. — Cocaïne. — Alcaloïdes des aconits : aconitine, népaline, lycaconitine, myoctonine, etc. — Alcaloïdes des delphinium : delphinoïdine, delphinine, staphisagrine. — Alcaloïdes des veratrum : vératrine, sabadilline, sabatrine, vératroïdine, jervine. — Ésérine ou physostigmine et calabarine. — Pilocarpine et jaborine. — Alcaloïdes de l'opium : morphine, narcotine, codéine, papavérine, thébaïne, narcéine. — Alcaloïdes de la chélidoine : sanguinarine et chélidonine. Alcaloïdes volatils : nicotine, conicine, lobéline, spartéine, aniline, quinoline, etc. — Aniline. — Taxine. — Colchicine. — Solanine. — Couleurs d'aniline.*

PROPRIÉTÉS CARACTÉRISTIQUES DES PRINCIPAUX POISONS NON ALCALOÏDIQUES. — *Digitaline, digitaléine et autres poisons du cœur. — Picrotoxine. — Santonine. — Vésicants : cantharidine, anémonol, anémonine, cardol. — Drastiques et substances résineuses. — Recherche des substances amères contenues dans la bière. — Seigle ergoté.*

CHAPITRE III
Poisons de la classe des métaux proprement dits.

Destruction de la matière organique. — Précipitation des métaux.
RÉACTIONS CARACTÉRISTIQUES DE CHAQUE POISON EN PARTICULIER. — *Arsenic. — Antimoine. — Étain. — Or. — Mercure. — Argent. — Plomb. — Cuivre. — Bismuth. — Cadmium. — Zinc. — Nickel et cobalt. — Fer. — Manganèse. — Chrome. — Aluminium. — Thallium.*

CHAPITRE IV
Poisons appartenant à la classe des métaux alcalins et alcalino-terreux.

Baryum. — Calcium et métaux alcalins.

CHAPITRE V
Acides.

Acide sulfurique. — Acide azotique. — Acide chlorhydrique. — Acide phosphorique. — Acide acétique. — Acide tartrique et citrique. 1° Acide tartrique. 2° Acide citrique. — Acide oxalique. — Acide méconique. — Acide picrique. — Tannins et corps voisins. — Acide salicylique, acide benzoïque, résorcine et quelques autres antiseptiques.

Coulommiers. — Imp. P. BRODARD et GALLOIS.

ès
a-
vec
1e.
n-
ré-
—
1e,
e,
1e,
1s-
de
r-
1e.
1e;
—

A-
—
1l,
'e-
1le.

x.
—
et
—

ri-
—
es